小麦绿色栽培技术
与病虫害防治图谱

主 编 霍永强 祁 文 王富全

内蒙古科学技术出版社

图书在版编目（CIP）数据

小麦绿色栽培技术与病虫害防治图谱 / 霍永强，祁文，王富全主编 . — 赤峰：内蒙古科学技术出版社，2022.10

（乡村人才振兴·农民科学素质丛书）

ISBN 978-7-5380-3480-6

Ⅰ.①小… Ⅱ.①霍…②祁…③王… Ⅲ.①小麦—栽培技术—图谱②小麦—病虫害防治—图谱 Ⅳ.① S512.1-64 ② S435.12-64

中国版本图书馆 CIP 数据核字 (2022) 第 181133 号

小麦绿色栽培技术与病虫害防治图谱

主　　编：霍永强　祁　文　王富全
责任编辑：马洪利
封面设计：光　旭
出版发行：内蒙古科学技术出版社
地　　址：赤峰市红山区哈达街南一段4号
网　　址：www.nm-kj.cn
邮购电话：0476-5888970
印　　刷：涿州汇美亿浓印刷有限公司
字　　数：156千
开　　本：710mm×1000mm　1/16
印　　张：8
版　　次：2022年10月第1版
印　　次：2022年11月第1次印刷
书　　号：ISBN 978-7-5380-3480-6
定　　价：35.80元

如出现印装质量问题,请与我社联系。电话：0476-5888926　5888917

《小麦绿色栽培技术与病虫害防治图谱》

编 委 会

主　编　霍永强　祁　文　王富全

副主编　（按姓氏笔画排序）

井红彬　付　婷　代　志　米永刚　李文清

李志强　库婷婷　张财先　秦海燕　钱付伟

曹睿亮　崔永惠　韩晓松　熊凤平　魏涛淘

编　委　（按姓氏笔画排序）

乌　兰　史红丽　许　娟　张亚永　张凯远

陈　晨　赵　洋　高子燕　潘雪燕

前言
PREFACE

小麦适应性强,分布广,用途多,是世界上最重要的粮食作物,其总面积、总产量及总贸易额均居粮食作物的首位,有1/3以上人口以小麦为主要食粮。在我国,小麦的地位仅次于水稻。以科学的理论和规范的技术作指导,加强小麦病虫草害防治,是增产、增收的关键。提高小麦生产能力,对我国社会经济发展、人民生活水平提高、国家粮食安全及社会稳定具有极其重要的意义。

本书编写过程中,强调适合农村特点,简明扼要、通俗易懂、图文并茂,既注意内容科学、体系完整,又注意可操作性和实用性,便于广大农户、基层单位农业科技人员阅读和理解。

全书共分六章,分别介绍了小麦的生理基础、麦田管理技术、病虫害绿色防控技术、病害防治技术、虫害防治技术、灾害识别及防治等内容。书中以大量彩图配合文字的形式,对小麦的种植技术,病虫害的症状、发生规律、形态特征、防治措施等进行了详细讲解。希望本书的出版能够在发展小麦生产,增加经济效益,促进农业产业结构调整方面发挥积极的作用。

由于水平有限,书中难免存在疏漏和不妥之处,恳请有关专家及广大读者提出宝贵意见。

编　者

2022 年 3 月

目录
CONTENTS

第一章
小麦的生理基础

第一节 小麦的生育进程

一 小麦的生育时期

小麦从出苗到成熟所经历的天数叫小麦生育期。其长短因品种特性、生态条件和播种早晚的不同而有很大的差别，一般春小麦生育期 100 ~ 120 天，冬小麦生育期 230 ~ 280 天。根据器官形成的顺序，并便于生产管理，常把小麦生育期分为若干个生育时期，一般包括出苗期、三叶期、分蘖期、越冬期、返青期、起身期（生物学拔节）、拔节期、孕穗期、抽穗期、开花期、灌浆期、成熟期等 12 个时期。春小麦无越冬期和返青期。长江以南和四川盆地冬小麦也无越冬期和返青期。

出苗期 小麦的第 1 真叶露出地表 2 ~ 3cm 时为出苗。田间有 50% 以上麦苗达到标准的时期，为该田块的出苗期。

三叶期 田间 50% 以上的麦苗主茎第 3 片绿叶伸出 2cm 左右的时期，为三叶期。

出苗期

三叶期

分蘖期 田间 50% 以上的麦苗第 1 分蘖露出叶鞘 2cm 左右的时期，为分蘖期。

越冬期 冬麦区冬季前平均气温稳定降至 0 ~ 1℃ 以下，麦苗基本停止生长，这段停止生长的时期称为越冬期。

返青期 有越冬期的冬麦区翌年春季气温回升时，麦苗叶片由青紫色转为鲜绿色，部分心叶露头时，为返青期。

起身期 翌年春季麦苗由匍匐状开始挺立，主茎第 1 叶叶鞘拉长并和年前最后叶叶耳距相差 1.5cm 左右，茎部第 1 节间开始伸长但尚未伸出地面时，为起身期。

分蘖期　　　　　　　　　　　　　　越冬期

返青期　　　　　　　　　　　　　　起身期

拔节期　　全田 50% 以上植株茎部第 1 节间露出地面 1.5～2cm 时, 为拔节期。

孕穗期（挑旗）　　全田 50% 茎蘖旗叶叶片全部抽出叶鞘, 旗叶叶鞘包着的幼穗明显膨大, 为孕穗期。

拔节期　　　　　　　　　　　　　　孕穗期

抽穗期　　全田 50% 以上麦穗由叶鞘露出叶长的 1/2 时, 为抽穗期。

开花期　　全田 50% 以上麦穗中上部小花的内外颖张开, 花药散粉时, 为开花期。

抽穗期

开花期

灌浆期（乳熟期） 营养物质迅速运往籽粒并累积起来，籽粒开始沉积淀粉、胚乳呈炼乳状，约在开花后 10 天左右，为灌浆期。

成熟期 胚乳呈蜡状，籽粒开始变硬时，为成熟期。此时为最适收获期，接着籽粒很快变硬，为完熟期。

灌浆期

成熟期

二 小麦生长的三个阶段

可以把小麦的一生分为三个生长阶段：

幼苗阶段 ➡ 器官形成阶段 ➡ 籽粒形成阶段

幼苗阶段 从种子萌发到起身期，通常称为"幼苗阶段"。该阶段的天数为 120～140 天，南方短，北方较长。在幼苗阶段，小麦只分化出叶、根和蘖。由于分蘖基本上都在此阶段出现，在此阶段确定群体总茎数，能为最后穗数奠定基础。如果分蘖数量不足或过多，可以在这个阶段采取措施，促其增加或控制其过量出现。此阶段在生产上是决定穗数的关键时期。

器官形成阶段 这个阶段是花器分化时期，因而是决定穗粒数的关键时期。分蘖经过两极分化，有效分蘖和无效分蘖界限分明，群体穗数也在此阶段最后确定。这个阶段形成小麦的全部叶片、根系、茎秆和花器,植株的全部营养器官和结实器官也均形成,是小麦一生中生长量最大的时期。

籽粒形成阶段 籽粒灌浆、成熟是渐进的过程,需 30~40 天。这个阶段涉及营养物质的转移、转化及水分的散失,无论对小麦产量形成,还是品质的优劣都是关键时期。

小麦生长的三个阶段

三 小麦生长发育对环境条件的要求

要取得小麦高产,一方面应因地制宜地选用优良品种,另一方面要通过田间管理创造适宜小麦生长发育的环境条件。

(一)土壤

最适宜小麦生长的土壤,应该熟土层厚、结构良好、有机质丰富、养分全面、氮磷平衡、保水保肥力强、通透性好。

(二)水分

麦田的不同时期均需灌水及采取抗旱保墒措施。以冬小麦为例,其生育时期的耗水情况有如下特点:

1. 播种后至拔节前

植株小,温度低,地面蒸发量小,耗水量占全生育期耗水量的 35%~40%,每亩日平均耗水量为 $0.4m^3$ 左右。

2. 拔节到抽穗

进入旺盛生长时期,耗水量急剧上升。在 25~30 天时间内耗水量占总耗水量的 20%~25%,每亩日耗水量为 2.2~3.4m^3。此期是小麦需水的临界期,如果缺水会严重减产。

3. 抽穗到成熟

此期 35~40 天,耗水量占总耗水量的 26%~42%,每亩日耗水量比前一段略有增加。尤其是在抽穗前后，茎叶生长迅速，绿色面积达一生最大值，每亩日耗水量约 4m³。

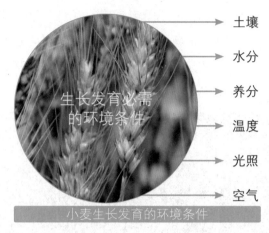

生长发育必需的环境条件

土壤
水分
养分
温度
光照
空气

小麦生长发育的环境条件

（三）养分

小麦生长发育所必需的营养元素有碳、氢、氧、氮、磷、钾、硫、钙、镁、铁、硼、锰、铜、锌、钼等。氮、磷、钾在小麦体内含量多，具有重要作用，被称为"三要素"。

氮　氮素是构成蛋白质、叶绿素、各种酶和维生素不可缺少的成分。氮素能够促进小麦茎叶和分蘖的生长，增加植株绿色面积，加强光合作用和营养物质的积累，合理增施氮肥能够增产。

磷　磷素是细胞核的重要成分之一。磷可以促进根系的发育，促使早分蘖，提高小麦抗旱、抗寒能力，还能加快灌浆过程，使小麦粒多、饱满，提早成熟。

钾　钾素能促进体内碳水化合物的形成和转化，提高小麦抗寒、抗旱和抗病能力，促进茎秆粗壮，增强抗倒伏能力，还能提高小麦的品质。因此，在缺钾的土壤上或高产田应重视钾肥的施用。

其他元素对小麦生长发育也有重要作用，不足时都会影响小麦的生长。

（四）温度

小麦的生长发育在不同阶段有不同的适宜温度范围。

小麦种子发芽出苗　适宜温度是 15 ~ 20℃。

小麦根系生长　适宜温度为 16 ~ 20℃，最低温度为 2℃，超过 30℃则受到抑制。

小麦分蘖生长　在 2 ~ 4℃时，开始分蘖生长，适宜温度为 13 ~ 18℃，高于 18℃分蘖生长减慢。

小麦茎秆生长　一般在 10℃以上开始伸长，在 12 ~ 16℃形成短矮粗壮的茎，高于 20℃易徒长，茎秆软弱，容易倒伏。

小麦灌浆期　适宜温度为 20 ~ 22℃。如干热风多，日平均温度高于 25℃以上时，因失水过快,灌浆过程缩短,会使籽粒重量降低。

（五）日照

日照充足能促进新器官的形成,分蘖增多;从拔节到抽穗期间,日照时间长,就可以正常地抽穗、开花;开花、灌浆期间,充足的日照能保证小麦正常开花授粉,促进灌浆成熟。

第二节　小麦的器官形成

一　叶

叶是小麦进行光合、呼吸、蒸腾作用的重要器官,也是小麦对环境条件反应最敏感的部位。生产上常根据叶的长势和长相进行一些判断,如肥水是否充足、缺素症状的诊断等。

（一）叶的结构

小麦的叶有两种:不完全叶和完全叶。不完全叶包括胚芽鞘和分蘖鞘,完全叶由叶片、叶鞘、叶舌、叶耳等组成。

（二）叶的功能

绿色叶片是光合作用的主要器官,小麦一生中所积累的光合产物大部分由叶片所制造,叶片的光合能力是逐步提高的。在叶片长度达总长度的 1/2 时,才能输出光合产物,供给其他部分的生长需要。成长叶光合能力最强,衰老叶功能下降,当衰老叶面积枯黄率达 30% 时,不再输出光合产物。叶片光合能力虽然很强,但在一昼夜间其本身的呼吸往往需要消耗光合产物的 15% ~ 25%。在阴雨、郁蔽等不良环境下,呼吸消耗的还要多,甚至达 30% ~ 50%。小麦一生中以旗叶光合功能最强。据测定,旗叶所积累的光合产物为苗期到成熟期光合作用总产物的 1/2。旗叶光合功能比低位叶高 10 ~ 30 倍。

二　根系

根系不仅是吸收养分和水分、起固定作用的器官,也参与物质合成和转化过程。因此,对根系生物学和生态条件的研究越来越被人们重视。壮苗先壮根,发根早、扎根深、根系活力强是小麦获得高产的基础。

三 茎

小麦的茎由节和节间组成,分为地中茎(根茎)、节间部伸长的茎(分蘖节)和地上部伸长的茎(一般为4～6节,多为5节)。其功能主要是运输和贮藏养分,还有一定的光合作用。

四 穗

小麦的穗由穗轴和小穗组成。穗轴由许多节片组成,每节着生一枚小穗,穗节片的长短和数目因品种不同而各异,并决定着麦穗的疏密程度和穗形、大小等性状。小穗由两枚护颖及若干小花组成,一般每穗小花数为3～9朵,通常仅基部2～3朵小花结实。小花由外稃、内稃、2个鳞片、3个雄蕊和1个雌蕊组成。

五 抽穗开花与结实

小麦抽穗开花后,植株营养生长停止,转入以籽粒形成与灌浆增重的生殖生长阶段。这个阶段,要经过抽穗、开花、受精、籽粒形成,直至灌浆成熟,才能最终形成产量。

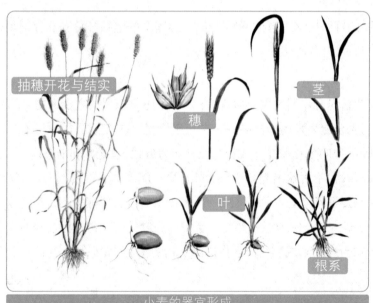

小麦的器官形成

第二章
麦田管理技术

第一节　品种选择与种子处理

一　小麦生产的良种选用原则

对于小麦种植而言,最为关键的步骤为种子选择阶段。在该阶段,要选择无虫、含水量低、干燥、饱满的种子。种植环境不同,对种子的要求也不同。一是不同的气候条件。由于我国经纬度跨域幅度较大,形成了不同地区不同气候的自然环境,因而在进行相应选择时,也要对其进行充分的考虑。例如,在北方气候环境下,可以选择半冬性小麦品种,南方可以采用半春性或弱冬性品种。二是不同的农业水平条件。在选择种子时应充分考虑各地区的农业水平,对于水平低的地区,可以选择耐瘠、耐旱的品种;对于水平较高的地区,可以选择耐肥、抗倒的品种。

1. 根据小麦高产、稳产必备的几个性状来选择品种

抗寒性　小麦品种有春性、半冬性和冬性三个不同类型。小麦品种要具有一定的抗寒性,但也并非越抗寒越好,只要保证在当地秋播能安全越冬即可。

抗病性　危害小麦生产的主要有三锈病和白粉病,所以在购买种子时,应认真阅读品种抗病性的介绍。

早熟性　早熟或熟期适当是小麦高产、稳产的重要条件,早熟品种能够避免或减轻某些自然灾害,如灌浆成熟期间能够躲过干热风和高温病害。

抗倒性　俗话说"麦倒一把草",只有选择抗倒伏能力强的品种,才能够进一步提高产量,实现丰产稳产。一般在大田生产中株高为 70 ~ 85cm 较为理想。品种的抗倒性也分为高抗、中抗、较抗等几个类型,应根据地力水平进行选择。

2. 根据生产条件选择品种

依据地力水平　对于高水肥地块,应选择高抗倒伏、株矮、分蘖力强的多穗型品种或分蘖力中等、茎秆粗壮、株较矮的大穗型品种;对于旱薄地块,应当选择抗旱性较好、分蘖力中等、株稍高的中产水平的品种。

依据播种期　如果播种时间早,应当选择冬性品种;如果播种时间在 10 月 20 日以后,应当选择半冬性晚播早熟品种。

依据播量　习惯上播量大的应当选择分蘖力中等的大穗型品种,播量小的应当选择分蘖力强、成穗率高的多穗型品种。

3. 应注意掌握"三不要"

不要片面求新求异 购买通过审（认）定的品种。种子管理部门在品种审定、推广前，都要进行严格的区域试验和生产试验，至于一些广告宣传中称某品种已经某科研单位（或专家）鉴定或认定，不能作为推广的依据，各级农作物品种审定委员会的审（认）定才是唯一合法的审（认）定。

不要盲目追求大穗型品种 大穗型小麦一般具有较大的增产潜力，但并不是说种植大穗型小麦一定能高产。每年秋播之前，农业管理部门公开推荐一批小麦良种，供农户选用，如果在推介品种时只讲推广，不讲适应范围，这是违背科学规律的，切勿轻信。另外，引进外地品种时要坚持先试验、后推广。

不要片面追求高肥水品种 根据地力条件，选用与产量水平相适应的品种。在考察品种的产量水平时，同样要以农业管理部门发布的品种介绍为依据。

二 小麦生产的种子质量要求

优良种子是实现小麦壮苗和高产的基础。种子质量一般包括纯度、净度、发芽力、活力、水分、千粒重、健康度、优良度等。目前我国种子分级所依据的指标主要是种子净度、发芽率和水分，其他指标不作为分级指标，只作为种子检验的内容。

1. 品种纯度

小麦品种纯度是指一批种子中本品种的种子数占供检种子总数的百分率。品种纯度高低会直接影响到小麦良种优良遗传特性能否得到充分发挥和持续稳产、高产。小麦原种纯度标准要求不低于99.9%，良种纯度要求不低于99%。

2. 种子净度

种子净度是指种子清洁干净的程度。具体到小麦来讲，是指样品中除去杂质和其他植物种子后，留下的小麦净种子重量占分析样品总重量的百分率。小麦原种和良种净度要求均不低于98%。

3. 种子发芽力

种子发芽力是指种子在适宜的条件下发芽并长成正常幼苗的能力，常采用发芽率与发芽势表示，是决定种子质量优劣的重要指标之一。

种子发芽率是指在温度和水分适宜的发芽试验条件下，发芽试验终期（7天内）长成的全部正常幼苗数占供试种子数的百分率。种子发芽率高，表示有生活力的种子多，播种后成苗率高。小麦原种和良种发芽率要求均不低于85%。在调种前和播种前应做好种子发芽试验，根据种子发芽率高低计算播种量，既可以防止劣种下地，又可保证田间苗全、苗齐,为小麦高产奠定良好基础。

种子发芽势是指在温度和水分适宜的发芽试验条件下,发芽试验初期(3天内)长成的全部正常幼苗数占供试种子数的百分率。种子发芽势高,表明种子发芽出苗迅速、整齐、活力高。

4. 种子活力

种子活力是指种子发芽、生长性能和产量高低的内在潜力。活力高的种子,发芽迅速、整齐,田间出苗率高;反之,出苗能力弱,受不良环境条件影响大。种子的活力高低,既取决于遗传基础,也受种子成熟度、种子大小、种子含水量、种子机械损伤和种子成熟期的环境条件,以及收获、加工、贮藏和萌发过程中外界条件的影响。

5. 种子水分

种子水分也称种子含水量,是指种子样品中所含水分的重量占种子样品重量的百分率。由于种子水分是种子生命活动必不可少的重要成分,其含量多少会直接影响种子安全贮藏和发芽力的高低。种子样品重量可以用湿重(含有水分时的重量)表示,也可以用干重(烘失水分后的重量)表示。因此,种子含水量的计算公式有两种表示方法。

$$种子水分(\%) = \frac{样品重 - 烘干重}{样品重} \times 100(以湿重为基数)$$

$$种子水分(\%) = \frac{样品重 - 烘干重}{烘干样品重} \times 100(以干重为基数)$$

小麦原种和良种水分要求均不高于13%(以湿重为基数)。

三 小麦生产的种子精选与处理

小麦生产的种子准备应包括种子精选和种子处理等环节。

(一)种子精选

在选用优良品种的前提下,种子质量的好坏直接关系到出苗与生长整齐度,以及病虫草害的传播蔓延等问题,对产量有很大影响。实施大面积小麦生产,必须保证种子的饱满度好、均匀度高,这就要求必须对播种的种子进行精选。精选种子一般应从种子田开始。

建立种子田 种子田就是良种供应繁殖田。良种繁殖田所用的种子必须是经过提纯复壮的原种,使其保持良种的优良种性,包括良种的特征特性、抗逆能力和丰产性等。种子田收获前还应进行严格的去杂去劣,保证种子的纯度。

精选种子 对种子田收获的种子要进行严格精选。目前精选种子主要有风选、筛选、泥水选种、机械选种等方法,通过种子精选可以清除杂质、瘪粒、不完全粒、病粒及杂草种子,以保证种子的粒大、饱满、整齐,提高种子发芽率、发芽势和田间成苗率,有利于培育壮苗。

(二)种子处理

小麦播种前,为了促使种子发芽出苗整齐、早发快长以及防治病虫害,还要进行种子处理。种子处理包括播前晒种、药剂拌种和种子包衣等。

播前晒种 晒种一般在播种前2~3天,选晴天晒1~2天。晒种可以促进种子的呼吸作用,提高种皮的通透性,加速种子的生理成熟过程,打破种子的休眠期,提高种子的发芽率和发芽势,消灭种子携带的病菌,使种子出苗整齐。

药剂拌种 药剂拌种是防治病虫害的主要措施之一。没有用种衣剂包衣的种子要用药剂拌种。根病发生较重的地块,可选用4.8%苯醚·咯菌腈(适麦丹)按种子量的0.2%~0.3%拌种,或2%戊唑醇(立克莠)按种子量的0.1%~0.15%拌种,或30g/L的苯醚甲环唑悬浮种衣剂按照种子量的0.3%拌种。地下害虫发生较重的地块,选用40%辛硫磷乳油按种子量的0.2%拌种。病、虫混发地块,用杀菌剂+杀虫剂混合拌种,可选用21%戊唑·吡虫啉悬浮种衣剂按照种子量的0.5%~0.6%拌种,或用27%的苯醚甲环唑·咯菌腈·噻虫嗪按照种子量的0.5%拌种,对早期小麦纹枯病、茎基腐病及麦蚜具有较好的控制效果,还可减少春天杀虫剂的使用次数1~2次。

种子包衣 把杀虫剂、杀菌剂、微肥、植物生长调节剂等通过科学配方复配,加入适量溶剂制成糊状,然后利用机械均匀搅拌后涂在种子上,称为包衣。包衣后的种子晾干后即可播种。使用包衣种子省时、省工、成本低、成苗率高,有利于培育壮苗,增产比较显著。一般可直接从市场购买包衣种子。生产规模和用种较大的农场也可自己包衣(或二次包衣),可用2.5%适乐时做小麦种子包衣的药剂,使用量为每10kg种子拌药10~20ml。

第二节　耕作整地

合理的土壤耕作制是指对不同前茬作物收获后的土壤进行的一系列相互配合的耕作措施,也就是选用什么样的耕作方式以及各种方式如何配套的问题。合理的耕作制可以实现土壤的用养结合,不断改善耕层构造,调节土壤水分、养分,清除杂草,提高土壤肥力,为作物生长发育创造良好的土壤环境。

一　精细整地

(一)整地方式

1.耕翻整地

耕翻整地的目的是改善耕层土壤结构,翻埋和混拌肥料,促使土肥融合,加速土壤熟化,兼有保蓄水分、清除杂草、杀灭虫卵等作用。耕地方式有内翻与外翻之分,两种方式应交替进行,以保证田面平整;耕翻深度一般为 15~20cm,耕幅 25~30cm。播前耕翻后应耙细整实。

耕翻整地

悬挂式铧式犁

2.旋耕整地

旋耕整地是一种被广泛应用的新型整地方式。在我国麦作生产中,旋耕整地已逐渐取代耕翻成为小麦生产的主要整地方式。旋耕整地的优点是作业效率高,土壤精细、粗垡块少,地面平整度好;缺点是旋耕深度不足。

旋耕整地

旋耕机

3. 深松整地

深松整地是针对多年采用少（免）耕整地导致土壤耕层变浅、犁底层加厚、肥水下渗不畅、理化性状变差等一系列影响耕地生产能力提高因素而大力推广的新型整地技术。

4. 耙地

耙地是用钉齿耙或圆盘耙实施的一种表土耕作方法。耙地有疏松土壤、保蓄水分、保持土温、消灭杂草等作用，为幼苗出土、生根创造良好的土壤环境条件。耙地方式有"直耙"（纵向前进作业）、"横耙"（横向往返作业）与"交叉耙"（"S"形前进作业）之分。

深松整地

圆盘耙

（二）三个必须

耕作整地是小麦播前准备的主要技术环节，整地质量与小麦播种质量有着密切关系。因此，麦播前应用好整地技术，做到"三个必须"：

一是凡旋耕播种的地块必须镇压耙实，且应保证旋耕深度达到 15cm 以上。

二是凡连年旋耕麦田必须隔年深耕或深松一次，且深松必须旋耕（深度 15cm），实行"两（年）旋（耕）一（年）深（耕或松）"的轮耕制度，以打破犁底层，并做到机耕机耙相结合，切忌深耕浅耙。

三是秸秆还田地块必须深耕，将秸秆切入土层，耙压踏实，以夯实麦播基础，增强抗灾能力，力争全生育期管理主动。

深耕选用翻转犁，深度以 15cm 为宜。

（1）整地标准："耕层深厚、土碎地平、松紧适度、上虚下实"十六字标准。

（2）具体要求：早、深、净、细、实、平、透。

早：早腾茬。

深：耕深 20～30cm，可使小麦增产 15%～25%。

净：田间无杂草或秸秆等杂物。

细：无坷垃，"小麦不怕草，就怕坷垃咬"。

实：表土细碎，下无架空暗垡，达到上虚下实。

平：耕前粗平，耕后复平，作畦后细平，使耕层深浅一致。

透：耕深一致，不漏耕。

（三）耙耢镇压

耕翻后土壤耙耢、镇压是高质量整地的一项重要技术。耕翻后耙耢、镇压可使土壤细碎，消灭坷垃，上松下实，底墒充足。因此，各类耕翻地块都要及时耙耢。尤其是采用秸秆还田和旋耕机旋耕地块，由于耕层土壤悬松，容易造成小麦播种过深，形成深播弱苗，影响小麦分蘖的发生，造成穗数不足，降低产量。此外，该类地块由于土壤松散，失墒较快，耕翻后必须尽快耙耢、镇压2~3遍，以破碎土垡，耙碎土块，疏松表土，平整地面，上松下实，减少蒸发，抗旱保墒，从而使耕层紧密，种子与土壤紧密接触，保证播种深度一致，出苗整齐健壮。

二　平衡施肥

（一）秸秆还田

秸秆还田，是补充和平衡土壤养分、改善土壤结构的有效方法。目前，我国小麦主产区，耕作层土壤的有机质含量普遍不高，除增施有机肥外，提高土壤有机质含量的另一个主要途径就是作物秸秆还田，而影响秸秆还田推广进程的主要因素是还田质量太差，直接影响播种质量和农民秸秆还田积极性。上茬玉米秸秆还田时要确保作业质量，尽量将玉米秸秆粉碎得细小些，一般要用玉米秸秆还田机打两遍，秸秆长度低于10cm，最好在5cm左右。同时，各地要大力推广使用玉米收获和秸秆还田联合收割机。

据测定，每亩还田玉米秸秆500~700kg，一年之后，土壤中的有机质含量能相对提高0.05%~0.15%，土壤孔隙度能提高1.5%~3%。

（二）科学施肥

要在秸秆还田的基础上，广辟肥源，为麦田备足肥料，且做到合理科学施用。具体措施如下：

一是增施农家肥，努力改善土壤结构，提高土壤耕层的有机质含量。一般高产田每亩施有机肥3 000~4 000kg，中低产田每亩施有机肥2 500~3 000kg。

二是要科学配方，优化施肥比例，因地制宜合理确定化肥基施比例，优化氮、磷、钾配比。高产田一般全生育期每亩施纯氮（N）16~18kg，五氧化二磷（P_2O_5）7.5~9kg，氧化钾（K_2O）10~12kg，硫酸锌1kg；中产田一般每亩施纯氮（N）14~16kg，五氧化二磷（P_2O_5）6～7.5kg，氧化钾（K_2O）7.5～10kg；低产田一般每亩施纯氮（N）10～14kg，五氧化二磷（P_2O_5）8～10kg。高产田要将全部有机肥、磷肥，以及氮肥、钾肥的50%作底肥，第二年春季小麦拔节期追施50%的氮肥、钾肥。中、低产田应将全部有机肥、磷肥、钾肥，以及氮肥的50%～60%作底肥，第二年春季小麦起身拔节期追施40%～50%的氮肥。

三是要大力推广化肥深施技术，坚决杜绝地表撒施。基肥要结合深耕整地，均匀撒施翻埋在土里，切忌暴露在地面上。化肥提倡深施。若施肥量较少，应采取集中施肥法；较多的还是以普施为好，然后翻耕。施肥量多时，可以分层施用，用3/5的粗肥在耕地前撒施深翻，然后用2/5优质粗肥连同要施的磷肥、氮肥混合后于耙地前撒施浅埋入土中。

四是秸秆还田的地块为了防止碳、氮比失调，造成土壤中氮素不足，微生物与作物争夺氮素，导致麦苗因缺氮而黄化、瘦弱，生长不良，需另外每亩增施10～15kg尿素，以加快秸秆腐烂，使其尽快转化为有效养分，防止发生与小麦争氮肥的现象。

三 规范作畦

小麦畦田化栽培有利于精细整地，保证播种深浅一致，浇水均匀，节省用水。因此，秋种时，各类麦田，尤其是有水浇条件的麦田，一定要在整地时打埂筑畦。畦的大小应因地制宜，水浇条件好的要尽量采用大畦，水浇条件差的可采用小畦。畦宽1.65～3m，畦埂40cm左右。在确定小麦播种行距和畦宽时，要充分考虑农业机械的作业规格要求和下茬作物直播或套种的需求。

规范作畦

第三节　播　种

一　确定适宜播种期

适期播种,是小麦冬前壮苗、形成壮蘖和发达根系、增强抗旱抗寒能力的先决条件。

如果播种期偏早,造成冬前积温过高,会促使小麦旺长,冬季或早春易遭冻害;播种过晚,又会因为积温不够而难形成壮苗,既影响顺利越冬,还影响后期扬花抽穗。

一般来说,可以通过冬前积温初步确定冬小麦的适宜播种期。

根据品种特性　冬性、弱冬性、春性品种要求的适宜播种期有严格区别。在同一纬度、海拔高度和相同的生产条件下,春性品种应当晚播,冬性品种应适当早播。

根据地理位置和地势　一般是纬度和海拔越高,气温越低,播种期就应早一些,反之则应晚一些。大约海拔每增高100m,播种期约提早4天左右;同一海拔高度不同纬度,大体上纬度递减1°,播种期推迟4天左右。

根据冬前积温　积温即日平均气温0℃以上的总和。冬小麦冬前苗情的好坏,除水肥条件外,和冬前积温多少有密切关系。能否充分利用冬前的积温条件,取决于适宜播种期的确定。在生产上要根据当年气象预报加以适当调整。

二　确定适宜播种量

每亩播种量的多少将决定基本苗数,而基本苗数直接关系到最后的穗数。

播种量必须根据品种类型、播种期早晚、茬口、土壤类型与土壤肥力、整地质量、播种方式以及目标产量等具体情况确定。精确定量栽培条件下,每亩播种量3~4kg,亩产可达500kg,甚至更高;而在粗放种植时,即使播种量加大到30~40kg,产量也不高。

目前大面积生产推广应用的主体品种,目标亩产量500kg左右,春性品种每亩成穗30万~35万,半冬性品种每亩成穗40万~45万。根据主茎叶龄和分蘖的同伸关系,综合考虑多种因素的影响,在适期播种条件下,北方地区半冬性品种的适宜基本苗数为每亩8万~12万株,南方地区春性品种10万~14万株,越冬期群体以最终成穗数的1.3~1.5倍为宜。超出当地适期播种范围,每迟播1天,每亩基本苗数应增加3 000~5 000株。

确定适宜基本苗数以后,根据种子千粒重、发芽率和田间出苗率,即可求得播种量。

$$播种量（kg／亩）\approx \frac{基本苗（万株／亩）\times 千粒重（g）}{100\times 种子发芽率\times 田间出苗率}$$

测定千粒重：取 2 份样品，每份数取 1 000 粒称重，重量差值小于 5% 即可。

测定发芽率和发芽势：随机取小麦种子样品 4 份，每份 100 粒，均匀摆放在培养皿或盘子里，种子吸足水分后保持湿润，3 天测定发芽势，7 天测定发芽率。

测定出苗率：为了更准确计算播种量，还要测定田间出苗率。最好是在要播种的田间，条件与播种时尽量一致。多数情况下采用旱茬 80%～85%，稻茬 70%～75%，秸秆还田条件下 60%～70% 的经验数据。

三 提高播种质量

1. 播种深度适宜、一致，下籽均匀

胚乳中所贮存的养分有限，若播种过深，幼苗形成地中茎，消耗养分多，出苗迟，苗质差，分蘖少，且易感染病虫害；若播种过浅，由于土壤表层含水量不足，种子易落干，影响发芽、出苗，同时分蘖节分布太浅，既不利于安全越冬，又易引起倒伏与早衰。因此，生产上一般要求分蘖节应距地表 2～3cm，即播种深度应掌握在 3～5cm。此外，高质量播种还要求播深一致，下籽均匀，避免疙瘩苗或断垄现象发生。

2. 宽幅精量播种

改传统小行距（15～20cm）密集条播为等行距（22～25cm）宽幅播种，改传统密集条播籽粒拥挤成一条线为宽播幅（8～10cm）种子分散式粒播，有利于种子分布均匀，减少缺苗断垄、疙瘩苗现象，克服了传统播种机密集条播籽粒拥挤，争肥、争水、争营养，根少，苗弱的生长状况。因此，各地要大力推行小麦宽幅机械播种，注意给播种机械加装镇压装置，播种机不能行走太快，每小时约 5km 为宜，以保证下种均匀、深浅一致、行距一致、不漏播、不重播、不留空闲地等。在适期播种情况下，分蘖成穗率低的大穗型品种，每亩适宜基本苗数为 15 万～18 万株；分蘖成穗率高的中多穗型品种，每亩适宜基本苗数为 12 万～16 万株。在此范围内，高产田宜少，中产田宜多。晚于适宜播种期播种，每晚播 2 天，每亩增加基本苗数为 1 万～2 万株。

3. 覆土良好，播后镇压

为了提高播种质量，减少因秸秆还田而产生的缺苗断垄现象，应采用先深翻，后播种的方式。小麦田播后镇压有压实土壤、压碎土块、平整地面的作用，当耕层土壤过于疏松时，镇压可使耕层紧密，提高耕层土壤水分含量，使种子与土壤紧密接触，根系及时萌发与伸长，下扎到深层土壤中。一般深层土壤水分含量较高、较稳定，可提高麦苗的抗旱能力，使麦苗整齐健壮。

4. 规范操作，保证播种质量

由于整地质量差，田间土块多，土壤质地不实，一旦播种机手操作不规范，造成播种质量下降显著，缺苗断垄现象严重发生，不能很好地保证基本苗数，越冬期还容易遭受冻害。在精细整地的基础上，播种机手在播种过程中一定要保持匀速行驶，做到不缺垄、不断行，同时做到播后镇压，使种子和土壤充分接触，提高水肥供给能力，保证播种质量。要在小麦播种中实行耕作、播种监理制度，由资深农机专业人员对过程进行全程监理，并把播种质量与监理人员经济效益挂钩。

5. 防治地下害虫

一般采用化学措施来防治地下害虫。生产上在搞好药剂拌种的基础上，还可采用药液浇灌法，即播种出苗后用 5 000 倍辛硫磷液灌注蝼蛄洞。也可用毒谷、毒饵法，即用 50% 的辛硫磷乳剂 3 ~ 4ml，兑水 50 ~ 100ml，与 1.0 ~ 1.5kg 炒过或煮过的谷子混匀，播后撒于田间；或用上述药剂，与 3 ~ 4kg 碾碎的豆饼或花生饼、芝麻饼、棉籽饼等混匀，播后撒于田间。

第四节　小麦田间管理

在小麦生长发育过程中，麦田管理有三个任务：一是通过肥水等措施满足小麦的生长发育需求，保证植株良好发育；二是通过保护措施防御病虫草害和自然灾害，保证小麦正常生长；三是通过促控措施使个体与群体协调生长，并向栽培的预定目标发展。根据小麦生长发育进程，麦田管理可划分为苗期（幼苗阶段）、返青期、中期（器官建成阶段）和后期（籽粒形成、灌浆阶段）四个阶段。

一　小麦苗期管理

（一）苗期的生育特点与调控目标

小麦苗期有年前（出苗至越冬）和年后（返青至起身前）两个阶段。这两个阶段的特点是以长叶、长根、长蘖的营养生长为中心，时间长达 150 余天。出苗至越冬阶段的调控目标：在保证全苗基础上，促苗早发，促根增蘖，安全越冬，达到预期产量的壮苗指标。一般壮苗的特点是，单株同伸关系正常，叶色适度。冬性品种，主茎叶片要达到 7 ~ 8 叶，4 ~ 5 个分蘖，8 ~ 10 条次生根；半冬性品种，主茎叶片要达到 6 ~ 7 叶，3 ~ 4 个分蘖，6 ~ 8 条次生根；春性品种主茎要达到 5 ~ 6 叶，2 ~ 3 个分蘖，4 ~ 6 条次生根。群体要求，冬前总茎数为成穗数的 1.5 ~ 2 倍，常规栽培下为 1 050 万 ~ 1 350 万 /hm²，叶面积指数为1左右。返青至起身阶段的调控目标：早返青，早生新根、新蘖，叶色葱绿，长势苗壮，单株分蘖敦实，根系发达。群体总茎数达 1 350 万 ~ 1 650 万 /hm²，叶面积指数为2左右。

（二）苗期管理措施

1. 查苗补苗，疏苗补缺，破除板结小麦

齐苗后要及时查苗，如有缺苗断垄，应催芽补种或疏密补缺，出苗前遇雨应及时松土，破除板结。

2. 灌冬水

越冬前灌水是北方冬麦区水分管理的重要措施，可保护麦苗安全越冬，并为早小麦生长创造良好的条件。当日平均气温稳定在 3 ~ 4℃时，水分夜冻昼消利于下渗，防止积水结冰，造成窒息死苗。如果土壤含水量高而麦苗弱小可以不浇。

3. 耙压保墒防寒

北方广大丘陵旱地麦田，在小麦入冬停止生长前及时进行耙压覆沟（播种沟），壅土盖蘖保根，结合镇压，以利于安全越冬。水浇地如果地面有裂缝，造成失墒严重时，越冬期间需适时耙压。

4. 冬小麦化学除草

麦田杂草有2次出苗高峰期，第一次在冬前小麦播种后 20 ~ 30 天，这一时期出苗杂草约占杂草总数的90%，以播娘蒿（麦蒿）、荠菜、麦家公、米瓦罐、猪殃殃、雀麦、节节麦等为主；第二次出苗高峰期为第二年的4月，即小麦返青后，有田旋花、扁蓄、灰菜、葆草等杂草。在小麦生产中，冬前比春季进行化学除草效果更好，一是冬前杂草刚出土，草小而耐药性差，用药量少，成本低；二是冬前施药，麦苗未封行，杂草的裸露面积大，有利于杂草吸收较多的药剂，获得较好的除草效果，同时冬前用药安全间隔期长，对下茬作物安全；三是杂草除得早，减少与小麦共生时间，可使小麦吸收更多的水分和养分，利于小麦形成壮苗，提高产量。

冬前化学除草施药时间在小麦三叶期后，杂草基本出齐且组织细嫩时效果最佳，一般以11月中下旬至12月上旬，即小麦播种后30天左右为宜。为确保防效，各地区应该在气温10℃以上晴好天气，土壤墒情好时施药。结合生产实践，可以选择在灌溉或雨后晴好无风天气进行，要保证施药后 8 ~ 12 小时无降雨发生。

防除阔叶性杂草如猪殃殃、播娘蒿和荠菜等，每亩用10%苯磺隆10g或75%巨星1g，兑水40L均匀喷雾，防效可达95%以上。对禾本杂草如野燕麦、节节麦和蜡烛草等防除，每亩用6.9%骠马 40 ~ 50ml 或3%世玛 20 ~ 25ml，并加该产品助剂 50 ~

100ml 混合,兑水 40L 均匀喷雾,防效可达 85% 以上。

5. 返青管理

北方麦区返青时须顶凌耙压,起到保墒与促进麦苗早发稳长的目的。一般已浇越冬水的麦田或土壤墒情好的麦田,不宜浇返青水,待墒情适宜时锄划;缺肥黄苗田可趁春季解冻"返浆"之机开沟追肥;旱年、底墒不足的麦田可浇返青水。

6. 异常苗情的管理

异常苗情,一般指僵苗、小老苗、黄苗、旺苗。僵苗指生长停滞,长期停留在某一个叶龄期,不分蘖,不发根。小老苗指生长出一定数量的叶片和分蘖后,生长缓慢,叶片短小,分蘖同伸关系被破坏。形成以上两种麦苗的原因是土壤板结,透气不良,土层薄,肥力差或磷、钾养分严重缺乏,可采取疏松表土,破除板结,结合灌水,开沟补施磷、钾肥等方法解决。对生长过旺麦苗及早镇压,控制水肥;对地力差,由于早播形成的旺苗,要加强管理,防止早衰;因欠墒或缺肥造成的黄苗,酌情补肥水。

二 小麦返青期管理

(一) 早春锄划

返青后各类麦田均应锄划松土,增强土壤的通气条件,控制春季无效分蘖的产生,减少养分消耗;弱苗麦田要多次浅锄细锄,提高地温,促进春季分蘖产生;枯叶多的麦田,返青前要用竹耙等工具清除干叶,以增加光照。另外,早春锄划也可以消除杂草。

锄划应在 3 月上旬返青前后进行。对有旺长趋势的麦田,从返青到起身期都可以适当深锄断根,抑制小麦春季无效分蘖,以保证小麦成穗质量和群体质量。

(二) 因苗管理

返青期施肥浇水使春生分蘖增加 10% ~ 20%,两极分化时小蘖死亡过程延缓,分蘖成穗率提高,但穗子不齐,主茎或低位蘖的小穗数增加,最后几片叶的面积增大,茎节间比不施肥浇水者略长。因此,返青期施肥浇水要针对不同麦田和苗情合理运用。

1. 壮苗和旺苗管理

对冬前总茎数 70 万 ~ 90 万 / 亩的壮苗或 90 万 ~ 110 万 / 亩的旺苗,只要冬前肥水充足,在返青期一般不施肥水。关键措施是锄划松土,以通气增温保墒,促进麦苗早发快长。如因冬前过旺出现脱肥或苗情转弱,可以提前施起身肥水。

2. 中等苗情管理

对冬前总茎数 50 万 ~ 60 万 / 亩的中等苗,为了保冬蘖,争春蘖,抓穗数,应及时追返青肥,浇返青水。

3. 晚播弱苗管理

以锄划增温、促苗早发为中心,待分蘖和次生根长出,气温也较高时,再追肥浇水。如果墒足而缺肥,可以在早春刚化冻时借墒施肥。

小麦幼苗期

小麦返青期

（三）化学调节

有冻害的麦田,待小麦返青后喷施丰必灵、爱多收等植物生长调节剂,促进麦苗早发快长。一般每亩用丰必灵或爱多收 3g 兑水 15L 喷雾,间隔 7～10 天,连喷 2～3 次。有旺长趋势的麦田,在起身前后每亩用 20% 壮丰安乳油 30～40ml 或 15% 的多效唑 30g 兑水 40L 喷施,以防后期倒伏。

三　小麦中期管理

（一）中期生育特点与调控目标

小麦生长中期是指起身、拔节至抽穗前,该阶段的生长特点是根、茎、叶等营养器官与小穗、小花等生殖器官的分化、生长、建成同时进行。在这个阶段,由于器官建成的多向性,小麦生长速度快,生物量骤增,带来了群体与个体的矛盾,以及整个群体生长与栽培环境的矛盾,形成了错综复杂、相互影响的关系。这个阶段的管理不仅直接影响穗数、粒数的形成,而且也将关系到中后期群体和个体的稳健生长与产量形成。

小麦生长中期

中期栽培管理目标：根据苗情适时、适量地运用水肥管理措施，协调地上部与地下部、营养器官与生殖器官、群体与个体的生长关系，促进分蘖两极分化，创造合理的群体结构，实现秆壮、穗齐、穗大，并为后期生长奠定良好基础。

（二）中期管理措施

1.起身期

此期小麦基部节间开始伸长，麦苗由匍匐转为直立，故称为起身期。起身后生长加速，而此时北方正值早春，是风大、蒸发量大的缺水季节，水分调控显得十分重要。若水分管理适宜，可提高分蘖成穗和穗层整齐度，促进3、4、5节伸长，促使腰叶、旗叶与倒二叶增大，还可提高穗粒数。对群体较小、苗弱的麦田，要适当提早施起身肥、浇起身水，提高成穗率；但对旺苗、群体过大的麦田，要控制肥水，在第一节刚露出地面1cm时进行镇压，深中耕切断浮根，也可喷洒多效唑或壮丰安等生长延缓剂，这些措施可以促进分蘖两极分化，改善群体下部透光条件，防止过早封垄而发生倒伏；对一般生长水平的麦田，在起身期浇水施肥，追氮肥施入总量的1/3～1/2；旱地在麦田起身期要进行中耕除草、防旱保墒。

2.拔节期

此期结实器官加速分化，茎节加速生长，要因苗管理。在起身期追过水肥的麦田，只要生长正常，拔节水肥可适当偏晚，在第一节定长、第二节伸长时期进行；对旺苗及壮苗也要推迟拔节水肥；对弱苗及中等麦田，应适时施用拔节水肥，促进弱苗转化；旱地拔节前后正是小麦红蜘蛛为害高峰期，要及时防治，同时要做好吸浆虫的掏土检查与预防工作。

起身期

拔节期

3.孕穗期

小麦旗叶抽出后就进入孕穗期，此期是小麦一生叶面积最大、幼穗处于四分体分化、小花向两极分化的需水临界期，又正值温度骤然升高、空气十分干燥，土壤水分处于亏缺期(旱地)。此时水分需求量不仅大,而且要求及时,生产上往往由于延误浇水,造成较明显的减产。因此,旺苗田、高产壮苗田,以及独秆栽培的麦田,要在孕穗前及时浇水。在孕穗期追肥,要因苗而异,起身拔节已追肥的可不施、麦叶发黄、氮素不足及株型矮小的麦田可适量追施氮肥。

抽穗扬花期

四　小麦后期管理

(一)后期生育特点与调控目标

后期指从抽穗开花到灌浆成熟的这段时期,此期的生育特点是以籽粒形成为中心,完成小麦的开花受精、养分运输、籽粒灌浆和产量形成。抽穗后,根茎叶基本停止生长,生长中心转为籽粒发育。据研究,小麦籽粒产量的70% ~ 80%来自抽穗后的光合产物累积,其中旗叶及穗下节是主要光合器官,增加粒重的作用最大。因此,该阶段的调控目标是保持根系活力,延长叶片功能期,抗灾、防病虫害,防止早衰与贪青晚熟,促进光合产物向籽粒运转,以增加粒重。

(二)后期管理措施

1.浇好灌浆水

抽穗至成熟耗水量占总耗水量的1/3以上,每公顷日耗水量达$35m^3$左右。经测定,在抽穗期,土壤(黏土)含水量为17.4%的比含水量为15.8%的旗叶光合强度高28.7%。在灌浆期,土壤含水量为18%的比含水量为10%的光合强度高6倍;茎秆含水量降至60%以下时灌浆速度非常缓慢;籽粒含水量降至35%以下时灌浆停止。因此,应在开花后15天左右即灌浆高峰前及时浇好灌浆水,同时注意掌握灌水时间和灌水量,以防倒伏。

2.叶面喷肥

小麦生长的后期仍需保持一定营养供应水平,延长叶片功能与根系活力。如果脱肥会引起早衰，造成灌浆强度提早下降，后期氮素过多，碳、氮比例失调，易贪青晚熟，叶病与蚜虫为害也较严重。对抽穗期叶色转淡，氮、磷、钾供应不足的麦田，用2%~3%尿素溶液，或用0.3%~0.4%磷酸二氢钾溶液，每公顷使用750~900L进行叶面喷施，可增加千粒重。

3.防治病虫为害

后期白粉病、锈病及蚜虫、黏虫、吸浆虫等为害都是导致粒重下降的重要因素，应及时进行防治。

第三章
病虫害绿色防控技术

第一节　绿色防控技术概念

在现阶段的小麦生产中,病虫害是制约其产量和品质提升的重要因素之一。我国的小麦种植面积非常广泛,若不能做好病虫害的预防,将会导致小麦产量减少,无法满足人们的需求,进而影响到我国农业生产的发展。而随着近年来产业结构的调整,人们对于无公害绿色食品需求越来越大,为此小麦的病虫害防治就需要应用绿色防控技术,结合种植地区的实际情况,制定适合的病虫害防治技术法规,尽量减少农药的投入和残留,以便实现小麦生产的高品质、高产量、高效率,为人们带来绿色健康的小麦产品,进而推动我国农业的可持续发展。

绿色防控技术

绿色防控技术就是在农田病虫害的防治中,从农业生态系统的角度出发,采取以农业防治为基础、重视田间自然天敌的保护、创造不利于病虫害生存繁育的环境等多种措施,必要时针对性地采取药剂防治的方式,最大限度地降低病虫的为害。绿色防控技术是目前保护生态环境、确保农业生产安全、持续控制病虫害发生的有效手段,是未来实现现代农业标准化生产的必然要求,可以为广大消费者提供更多更安全的农产品。目前绿色防控技术在我国推广已经有多年,虽然取得了一些成效,但是还存在技术过于单一、大面积推广难度大、地方政府重视程度不够等问题,需要进一步加大宣传力度,形成有效的农作物绿色防控网络。

第二节 小麦绿色防控技术的主要措施

一 物理防治

（一）杀虫灯

1. 工作原理

杀虫灯主要是利用害虫对光的趋性来诱捕成虫，然后辅助以电力、水等物质直接杀死害虫。不同害虫对不同的光趋性不同，因此可以通过设置光的波长、频率等实现对不同种类害虫的诱捕。一般情况下，波长在 320～600nm 的光均可以对害虫起到诱捕作用，特别是波长为 320～400nm 的不可见光，对害虫的诱捕效果更好。

杀虫灯

2. 使用方法

确定用灯时间：一般在害虫成虫发生前一周左右挂灯，害虫发生结束以后进行维护保养。而开灯时间，建议农户在晚上可选择两个害虫活动高峰时间点用灯，最佳的时间点为晚上 7 点到 12 点，以及凌晨 2 点到 5 点。这样的方法既降低了用电成本，也减少了对益虫的危害。

杀虫灯的放置：要根据杀虫灯的功率以及防治害虫的种类，通过专业人员的指导确定每盏灯的覆盖面积。另外，杀虫灯的放置高度也很有讲究，比如温室大棚内的杀虫灯安装高度一般要超过作物的高度，两灯距离控制在 100m 左右最好。露地种植的作物，像花生、叶菜等低矮型作物建议放置高度在 70cm 左右，果树类建议放置在果树高度 2/3 处较好。

杀虫灯的日常维护：在室外的杀虫灯，如果遇到连续的阴雨天，可以采取在杀虫灯上套袋子等方法避免雨水侵蚀,害虫发生结束以后要及时保养。害虫高发期,定期清理杀虫灯内的死虫,避免害虫堵塞杀虫灯,影响杀虫效果。

(二)昆虫诱捕器

1.工作原理

昆虫诱捕器通过人工合成雌蛾在性成熟后释放出的一些称为性信息素的化学成分,吸引田间同种类寻求交配的雄蛾,将其诱杀在诱捕器中,使雌虫失去交配的机会,不能有效地繁殖后代,以减少后代种群数量,达到防治该类害虫的目的。

2.使用方法

依据田间虫灾发作情况设置专用诱捕器。如斜纹夜蛾、甜菜夜蛾诱捕器一般7月初开始放置,诱捕器底部与作物顶部间隔20~30cm;小菜蛾诱捕器一般4月初开始放置,诱捕器底部距作物顶部10cm即可。

昆虫诱捕器

(三)黄色粘虫板

1.工作原理

黄色粘虫板是利用昆虫的趋黄性诱杀农业害虫的一种物理防治技术,它绿色环保,成本低,全年应用可大大减少用药次数。采用黄色纸板上涂粘虫胶的方法诱杀昆虫,可以有效减少虫口密度,不造成农药残留和害虫抗药性,能兼治多种虫害。

2.使用方法

放置高度:幼苗时,挂放的高度应高于幼苗10~50cm,植株高度长到接近诱虫板时,要随着植株增高提高10~15cm。如果是高秆作物,作物高度在0.8~1m时,应将诱虫板挂在行间,与作物同高。

清洗使用:粘满小虫的诱虫板,可用清洁球加清水洗刷1~2次,不必加涂虫胶,即可继续使用。

黄色粘虫板

二　生物防治

1. 工作原理

生物防治是指利用一种生物对付另外一种生物的方法。生物防治大致可以分为以菌治虫、以虫治虫和以鸟治虫三大类。

2. 使用方法

利用微生物防治：常见的有应用真菌、细菌、病毒和能分泌抗生物质的抗生菌，如应用白僵菌防治马尾松毛虫（真菌），苏云金杆菌各种变种制剂防治多种林业害虫（细菌），病毒粗提液防治蜀柏毒蛾、松毛虫、泡桐大袋蛾等（病毒），泰山 1 号防治天牛（线虫）。

利用寄生性天敌防治：主要有寄生蜂和寄生蝇，最常见的有赤眼蜂、寄生蝇防治松毛虫等多种害虫，肿腿蜂防治天牛，花角蚜小蜂防治松突圆蚧。

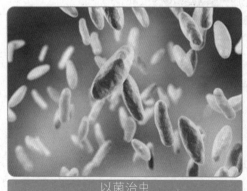

以菌治虫

以虫治虫

利用捕食性天敌防治：这类天敌很多，主要为食虫、食鼠的脊椎动物和捕食性节肢动物两大类。鸟类有山雀、灰喜鹊、啄木鸟等，可捕食不同虫态的害虫；鼠类天敌如黄鼬、猫头鹰、蛇等；节肢动物中捕食性天敌除有瓢虫、螳螂、蚂蚁等外，还有蜘蛛和螨类。

以鸟治虫

三 营养防治

作物生长期间适当、及时地喷施叶面肥,能够提高植物的抗性。要确定相应的微肥品种,以预防和治疗微量营养素缺乏引起的生理性病害,并补充钙肥。通过不同的营养补充,提高作物的抗逆性和预防疾病的能力,以实现自身保健。

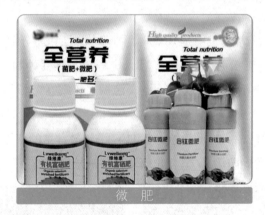

微 肥

四 农业防治

农业防治是利用农业生产过程中的各种管理、栽培措施等防治害虫的方法。

1. 调整耕作制度

(1)作物合理布局:选择远离废水、废气等污染源地块种植小麦。在小麦种植区域需要保证耕地整洁、卫生,及时清理枯枝、病叶,禁止使用污水灌溉,最大限度控制污染源和传染源。

(2)合理轮作:实行稻麦轮作或与棉花、烟草、蔬菜等经济作物轮作,可明显减少发病。

(3)合理间作套种:发展麦套西瓜、玉米、大蒜、中药材等,使土地利用冬季深翻冻垒消灭病虫,降低病虫基数。

2.深耕整地

许多昆虫在土壤中越冬,深翻土壤能利用机械碾压、太阳晒、鸟食等因素减少病虫基数。

3.合理施肥与灌溉

(1)未腐熟的有机肥易招致金龟子和种蝇产卵。

(2)昆虫在土壤中处于化蛹期可灌溉灭蛹。

(3)施肥、及时灌溉促进作物生长,提高抗逆能力。

4.加强田间管理

(1)清除落叶,减少越冬虫源,如梨网蝽、菜青虫、棉红蜘蛛。

(2)整枝打杈,减少虫口密度,如蚜虫、叶螨、棉铃虫卵。

施肥灌溉

田间管理

第三节　小麦病虫害全程绿色防控技术策略

一　培育新品种

随着病虫害的发展和蔓延,小麦种子也需要抵抗住病虫的侵害,培育新的品种就是一个很好的防控措施。小麦的新品种不仅要使穗粒饱满,增加产量,还要保证小麦的质量,在一定程度上解决我国粮食需求大的问题。通过人工培育和杂交技术鉴定产量和品质,研发新品种培育技术,是科技发展的一大进步。

二　预防措施

在早春种麦子的时候就要规划好土地,做到分级分片分批地进行管理,统一防治;有针对性地重点管理,发现一点要隔离一片,保证不被传染,全面做好防控。调剂一些防病虫害的农药定期进行喷洒,对小麦病虫害进行防治,以免不可控制的问题出现。及时做好预防管理是发现问题的必要措施,可防患于未然。

三　药剂措施

药剂种子要针对土地条件进行配置,要充分认识土地经常发生的病虫灾害,进行重点的药剂种子配置,做到适度适量。在病虫害多发时期,要以不同的杀虫剂、杀菌剂与其他药剂配合使用,并增加药剂量。混合使用不仅能够达到更好的效果,也会节省成本,达到增加产值的目的。根据小麦的具体问题对症下药,才能达到更好的效果。药剂措施是进行病虫害防治的一项重要举措,要引起足够的重视,适时使用新的药剂应对新的虫害。

四　工作措施

首先,不仅要针对小麦地、小麦苗以及药剂采取相应的措施,也要对工作人员加强培训,强化防治指导。可将技术人员和专家带进小麦地传授和讲解一些专门的防治技术和注意事项,现场的指导更有利于工作落到实处。其次,也要加强宣传,对农民宣传专业的防治知识和理论,并给予一定的实践指导,同时做好安全的预警和监督工作,及时发现和及时诊治。最后,要有专门的管理人员和管理机制,严格按照规章制度行事,成立专门的机构进行监督和监察,定期检查不合格的地方,将各项措施完善。

第四章
病害防治技术

第一节 小麦白粉病

小麦白粉病 由禾本科布氏白粉菌引起，主要为害叶片，严重时叶鞘、茎秆、穗部均会受到侵染。广泛分布于我国各小麦主产区，以四川、贵州、云南、河南及山东沿海等地发生最为普遍，近年来该病在西北麦区发生有趋重之势。受害后，可致叶片早枯，分蘖数减少，成穗率降低，千粒重下降。一般可造成减产10%左右，严重的达50%以上。

白粉病病部表现

症状特征

小麦白粉病在小麦各生育期均可发生，典型病状为病部表面覆有一层白色粉状霉层。该病可侵害小麦植株地上部各器官，主要为害叶片，严重时也为害叶鞘、茎秆和穗部的颖壳与芒。发病时叶面出现直径1~2mm的白色霉点，后逐渐扩大为近圆形至椭圆形白色霉斑，霉斑表面有一层白粉，遇有外力或振动立即飞散。这些粉状物就是菌丝体和分生孢子。后期病部霉层变为灰白色至浅褐色，病斑上散生有针头大小的小黑粒点，即病菌的闭囊壳。

受侵害的麦穗颖壳与芒

白粉病和叶锈病混合发生

严重危害

叶面病斑

发生规律

冬麦区春季发病菌源主要来自当地，春麦区除来自当地的菌源外，还来自邻近发病早的地区。发病适温 15～20℃，低于 10℃发病缓慢。相对湿度大于 70% 有可能造成病害流行。少雨地区当年雨多则病重；多雨地区如果雨日、雨量过多，病害反而减缓，因连续降雨可冲刷掉表面分生孢子。施氮过多，造成植株贪青，发病重。管理不当、水肥不足、土地干旱、植株生长衰弱、抗病力低，也易发生该病。此外，密度大发病重。对于冬小麦主产区来说，大面积的初侵染源是山地麦区自生麦苗上产生的越夏分生孢子，然后分生孢子随风传播到大部分小麦区。

防治措施

农业防治

麦收后及时耕翻灭茬，铲除自生麦苗；合理密植和施用氮肥，适当增施有机肥和磷、钾肥；改善田间通风透光条件，降低田间湿度，提高植株抗病性。

药剂防治

种子处理　选用药剂一般为三唑酮或者戊唑醇，具体用量为 50kg 小麦种子用 15% 的三唑酮可湿性粉剂 100g，或 2% 戊唑醇拌种剂 30g 兑水适量，堆闷 3 小时。农药用量严格按照推荐量使用，拌种要均匀，以免发生药害。

早春防治　早春病株率达 15% 时，每亩用 15% 三唑酮可湿性粉剂 50～75g，兑水 40～50L 喷雾，能取得较好的防治效果。

生长期施药　孕穗期至抽穗期病株率达 15% 或病叶率达 5% 时，每亩用 15% 三唑酮可湿性粉剂 60～80g，或 12.5% 烯唑醇可湿性粉剂 30～40g，或 75% 拿敌稳水分散粒剂 10g，或 25% 丙环唑乳油 25～40ml，或 40% 多酮可湿性粉剂 75～100ml，兑水 40～50L 喷雾。

第二节　小麦赤霉病

小麦赤霉病　别名麦穗枯、烂麦头、红麦头，是小麦的主要病害之一。小麦赤霉病在全世界普遍发生，主要分布于潮湿和半潮湿区域，气候湿润多雨的温带地区受害尤其严重。

赤霉病病部表现

症状特征

赤霉病主要为害小麦穗部，但小麦生长的各个阶段都能受害，苗期侵染引起苗腐，中后期侵染引起秆腐和穗腐，尤以穗腐危害性最大。病菌最先侵染部位主要是花药，其次为颖片。通常一个麦穗的小穗先发病，然后迅速扩展，使其上部其他小穗迅速失水枯死而不能结实。

小麦赤霉病田间为害状

籽粒干瘪并伴有白色至粉红色霉

一般扬花期侵染，灌浆期显症，成熟期成灾。赤霉病侵染初期在颖壳上呈现边缘不清的水渍状褐色斑，渐蔓延至整个小穗，病小穗随即枯黄。发病后期在小穗基部出现粉红色胶质霉层，后期其上产生密集的蓝黑色小颗粒(病菌子囊壳)。用手触摸，有突起感觉,不能抹去,籽粒干瘪并伴有白色至粉红色霉。小穗发病后扩展至穗轴,病部枯褐,使被害部以上小穗形成枯白穗。

| 麦穗枯干有红色霉层 | 枯白穗 |

发生规律

　　小麦赤霉病的发生流行受小麦生育期、气候条件、菌源量、品种抗性、农业生态环境及栽培管理措施等多种因素的影响,尤其与气象条件关系密切。一般来说,小麦抽穗后的温度条件都能满足病原菌发育生长,流行的关键是阴雨天气。当春季平均气温为9℃以上,小麦抽穗扬花期遇连续3天以上有一定降水量的阴雨和长时间结露天气,田间空气相对湿度达80%以上时,就可造成小麦赤霉病的发生和流行。

防治措施

农业防治

　　选用穗形细长、小穗排列稀疏、抽穗扬花整齐集中、花期短、残留花药少的抗(耐)病性强的品种。根据当地常年小麦扬花期雨水情况适期播种,避开扬花多雨期,做好栽培避病管理。加强肥水管理,合理浇水,及时排涝;合理配方施肥,增施磷、钾肥,增强小麦抗病性。

药剂防治

　　用增产菌拌种,以液体菌剂50ml兑水喷洒种子并拌匀,晾干后种。

　　防治重点是在小麦扬花期预防穗腐发生。在始花期喷洒50%多菌灵可湿性粉剂800倍液,或60%多菌灵盐酸盐(防霉宝)可湿性粉剂1 000倍液,505甲基硫菌灵可湿性粉剂1 000倍液,50%多霉威可湿性粉剂800～1 000倍液,605甲霉灵可湿性粉剂1 000倍液,隔5～7天防治一次即可。

第三节　小麦全蚀病

小麦全蚀病　又名根腐病、黑脚。小麦感病后，分蘖减少，成穗率低，千粒重下降，可减产20% ～ 50%，严重的全部枯死。全蚀病扩展蔓延较快，麦田从零星发生到成片死亡，一般仅需3年左右。

全蚀病病部表现

症状特征

该病是一种典型的根部病害，病菌只侵害小麦根部和茎基部1 ～ 2节部位。苗期，病株表现矮小，下部黄叶多，种子根和地中茎变成灰黑色，严重时麦苗连片枯死。拔节期，病株分蘖少，根部大部分变黑，在茎基部及叶鞘内侧出现较为明显的灰黑色菌丝层。小麦抽穗后，田间病株成簇或点片状发生早枯、白穗，病根变黑，易于拔起。

茎基部表面及叶鞘内布满条点状黑斑，呈"黑脚"状，其后颜色加深呈黑膏药状，密布黑褐色颗粒。这是小麦全蚀病的最主要症状表现，也是区别于其他小麦根腐型病害的主要特征。

受害小麦根部变黑

小麦全蚀病早期

根部和茎基部变黑腐烂

感全蚀病小麦植株提前枯干

发生规律

小麦全蚀病菌是一种土壤寄居菌，以菌丝遗留在土壤中的病残体或在混有病残体未腐熟的粪肥中及混有病残体的种子上越冬、越夏。引种混有病残体种子是无病区发病的主要原因。割麦收获后病根茬上的休眠菌丝体成为下茬主要初侵染源。麦区种子萌发不久，菌丝体就可侵害种根，并在变黑的种根内越冬。翌春小麦返青，菌丝体也随温度升高而加快生长，向上扩展至分蘖节和茎基部，拔节后期至抽穗期，可侵染至第1~2节，致使病株陆续死亡，田间出现早枯白穗。小麦灌浆期，病势发展最快。

小麦全蚀病的发生与耕作制度、土壤肥力、耕作条件等密切相关。连作病重，轮作病轻；小麦与夏玉米一年两作，多年连作，病害发生重；土壤肥力低，氮、磷、钾比例失调，尤其是缺磷地块，病情加重；冬小麦早播发病重，晚播病轻。另外，感病品种的大面积种植，也是加重病害发生的原因之一。

防治措施

农业防治

减少菌源　新病区零星发病地块，要机割小麦，留茬 16cm 以上，单收单打。病地麦粒不做种，麦糠不沤粪，严防病菌扩散。病地停种小麦等寄主作物两年，改种大豆、高粱、油菜、蔬菜、甘薯等非寄主作物。

轮作倒茬　病地每 2~3 年定期停种一季小麦，改种蔬菜、油菜、甘薯等非寄主作物，也可种植玉米。轮作倒茬要结合培肥地力，并严禁施入病粪，否则病情回升快。

药剂防治

用 12% 三唑醇按种子重量 0.02%~0.03% 拌种，防病效果好。2.5% 适乐时种衣剂按 1∶1 000 包衣处理，对小麦全蚀病有一定防效。

第四节　小麦土传花叶病毒病

小麦土传花叶病毒病　是一种由土壤中黏菌传播的病害,主要危害冬小麦的叶片。早春在田间呈点片或带状分布,严重田块全田发病,发病植株中上部叶片出现长短、宽窄不一的深绿和浅绿相间的条状斑块或条状斑纹,表现为黄色花叶。受害小麦次生根少,分蘖少,严重者植株矮化,影响小麦正常生长,可造成10% ~ 70%的产量损失。

土传花叶病毒病病部表现

症状特征

该病主要为害冬小麦。感病小麦秋苗期一般不表现症状,翌年春小麦返青才显现症状。发病初期心叶上出现长短不等的褪绿条状斑,随着病情扩展,多个条斑联合形成不规则的淡黄色条状斑块或斑纹,呈黄色花叶状,小麦的叶片上出现褶皱,严重的时候小麦矮化不长,分蘖率降低,最终影响后期的亩穗数。此外,由于拔节之前正是小麦孕穗期,一个穗上有多少个粒在拔节之前就基本定型了,这个时候如果小麦染病,就会影响麦穗的发育。

土传花叶病毒病苗田

土传花叶病毒病麦苗

感病小麦植株矮化

黄色花叶状

发生规律

该病主要靠病土、病根残体和病田的流水传播蔓延。传播的直接生物媒介也是习居于土壤中的禾谷多黏菌。一般侵染温度为 12.2 ~ 15.6℃,侵入后在 20 ~ 25℃条件下迅速增殖,潜育 2 周后表现症状。

不同品种间抗病性差异显著,长期大面积单一化种植高感病品种,是此病流行的主要因素;秋季小麦播种后土温和湿度及翌年小麦返青期的气温是影响此病发生的关键因素。秋播时土温 15℃左右、土壤湿度较大有利于禾谷多黏菌休眠孢子的萌发和游动孢子的侵染,土温高于 20℃和干旱时侵染很少发生。春季长期阴雨、低温能加重病害的发生。

防治措施

农业防治

(1)选用抗病、耐病的品种。

(2)轮作播种,与油菜、薯类、豆类等非麦类作物的多年轮作,可减轻病害发生。

(3)推迟播种期,发病的田块适当推迟播种期,避开禾谷多黏菌的最适侵染期。

(4)加强肥水管理,增施基肥和充分腐熟的农家肥,健田与病田不串灌、漫灌。

药剂防治

喷施叶面肥,在小麦返青拔节期、打苞孕穗期、扬花前分别喷施小麦增产套餐,螯合多种微量元素,补充各种生长必需元素,搭配天然植物生长调节剂,以及杀菌剂、杀虫剂,促进小麦根部生长,保护小麦不受病虫害干扰,提高小麦抗逆性。

第五节　小麦腥黑穗病

小麦腥黑穗病　为世界性病害，其病原菌为网腥黑穗病菌和光腥黑穗病菌，属担子菌亚门真菌。该病不仅导致小麦严重减产，而且使麦粒及面粉的品质降低，不可食用。

小麦腥黑穗病病部表现

症状特征

小麦腥黑穗病有网腥黑穗病和光腥黑穗病两种，症状无区别。病株一般比健株稍矮，分蘖多，病穗较短，颜色较健穗深，发病初为灰绿色，后变为灰白色，颖壳略向外张开，部分病粒露出。小麦受害后，一般全穗麦粒均变成病粒。病粒较健粒短肥，初为暗绿色，后变为灰白色，表面包有一层灰褐色薄膜，内充满黑粉，破裂散出含有三甲胺腥臭味的气体。

小麦网腥黑穗病田间为害状

小麦光腥黑穗病田间为害状

发生规律

小麦播种后发芽时,病菌由芽鞘侵入麦苗到达生长点,并在植株体内生长,以后侵入开始分化的幼穗,破坏穗部的正常发育,至抽穗时在麦粒内又形成厚垣孢子。小麦收获脱粒时,病粒破裂,病菌飞散黏附在种子外表或混入粪肥、土壤内越夏或越冬,翌年进行再次侵染循环。

病穗直立

颖壳张开,露出病粒

灌浆初期病健籽粒对比

收获后病健籽粒对比

防治措施

农业防治

春麦不宜播种过早,冬麦不宜播种过迟。播种不宜过深。播种时施用硫铵等速效化肥做种肥,可促进幼苗早出土,减少侵染机会。冬麦提倡在秋季播种时,基施长效碳铵1次,可满足整个生长季节需要,减少发病。

使用无病腐熟净肥　带菌粪肥是土传病害的一种很重要传播渠道,提倡堆沤农家肥时不用病残体原料,施用无病腐熟净肥,以切断粪肥传染源。

合理轮作倒茬　小麦腥黑穗病发生区应实行与油菜、马铃薯、红薯、花生、烟草、蔬菜等作物5~7年的轮作,才能收到较好的防效。

严禁病区自行留种、串换麦种　种子夹带病麦粒、病残体是远距离传播和当地蔓延的主要途径。因此，应禁止从病区引种，严禁病区的小麦作种用，杜绝自行留种串换麦种。

选用抗病品种　因地制宜，选用抗病品种。利用品种间的抗病性差异，选择丰产性能好、适应性广、早熟、发病较轻或产量损失较小的品种。

药剂防治

（1）种子处理。用 15% 叶青双胶悬剂按 3 000mg/kg 用量浸种 12 小时。

（2）发病初期，每亩用 25% 叶青双可湿性粉剂 100～150g 兑水 50L 喷雾 2~3 次，或用新植霉素 4 000 倍液喷雾防治。

第六节　小麦散黑穗病

小麦散黑穗病　又名黑疸、乌麦、灰包等。病原菌属担子菌亚门真菌。本病在我国小麦主产区都有发生，为害损失严重。

散黑穗病病部表现

症状特征

小麦散黑穗病主要为害穗部，病株在孕穗前不表现症状。病穗比健穗较早抽出，病株比健株稍矮。初期病穗外面包有一层灰色薄膜，病穗抽出后薄膜破裂，散出黑粉，黑粉吹散后，只残留裸露的穗轴，而在穗轴的节部还可以见到残余的黑粉，病穗上的小穗全部被毁或部分被毁，仅上部残留少数健穗。一般主茎、分蘖都出现病穗，偶尔也侵害叶片和茎秆，在其上长出条状黑色孢子堆。

散黑穗病麦穗

感病麦穗小穗全部被毁

发生规律

散黑穗病是花器侵染病害，一年只侵染一次。此病为典型的种传病害，带菌种子是病害传播的唯一途径。病菌的冬孢子随风落在扬花期的健穗上，侵入并潜伏在种子胚内，当年不表现症状。当带病种子萌发时，潜伏的菌丝也开始萌发，随小麦生长发育经生长点向上发展，随小麦节间的伸长扩展至穗部和其他分生组织。孕穗时，菌丝体迅速发展，使麦穗变为黑粉。种子成熟时，在其中休眠，次年发病，并进行翌年的侵染循环。

发病条件：小麦散黑穗病发生轻重与上一年的种子带菌量和扬花期的相对湿度有密切关系，小麦在抽穗扬花期间相对湿度为 58%~85%，菌源充足，可导致病害大流行。反之，气候干燥、种子带菌率低，来年发病轻。

穗外面薄膜破裂散出黑粉

穗外面包裹一层灰色薄膜

防治措施

农业防治

选用抗病品种　在小麦散黑穗病病穗抽穗初期注意检查并随即拔除病株，带至田外烧毁或深埋,防止穗部黑粉病菌传播。发病麦田及邻近地块小麦均不作种子使用。

　　药剂拌种　选用高效对症的药剂进行种子处理是有效控制小麦散黑穗病(包括腥黑穗病)的唯一有效措施,如烯唑醇。

药 剂 防 治

　　选用20%三唑酮或50%多菌灵、70%甲基托布津等药剂在发病初期进行喷雾防治。

第七节　小麦纹枯病

小麦纹枯病　又称立枯病、尖眼点病。病菌主要是禾谷丝核菌和立枯丝核菌。广泛分布于我国各小麦主产区,感病麦株因输导管组织受损而导致穗粒数减少、籽粒灌浆不足和千粒重降低,造成产量损失10%左右,严重者达30% ～ 40%。

纹枯病病部表现

症状特征

　　主要发生在叶鞘和茎秆上。幼苗发病初期,在地表或近地表的叶鞘上先产生淡黄色小斑点,随后呈典型的黄褐色梭形或眼点状病斑,后期病株基部茎节腐烂,病苗枯死。小麦拔节后在基部叶鞘上形成中间灰色、边缘棕褐色的云纹状病斑,病斑融合后,茎基部呈云纹花秆状,并继续沿叶鞘向上部扩展至旗叶。后期病斑侵入茎壁后,形成中间灰褐色、四周褐色的近圆形或椭圆形眼斑,造成茎壁失水坏死,最后病株枯死,形成枯死白穗。麦株中部或中下部叶鞘病斑的表面产生白色霉状物,最后形成许多散生网形或近圆形的褐色小颗粒状菌核。

后期黑色菌核（小黑点）

初期近地表叶鞘上的病斑

初期基部叶鞘上的黄褐色病斑

穿透叶鞘侵染茎秆

发生规律

病菌以菌核或菌丝体在土壤中或附着在病残体上越夏或越冬，成为初侵染主要菌源。冬前病害零星发生，播种早的田块会有一个明显的侵染高峰；早春小麦返青后随气温升高，病情发展加快；小麦拔节后至孕穗期，病株率和严重度急剧增长，形成大病高峰；小麦抽穗后病害发展缓慢。但病菌由病株表层向茎秆扩散，造成田间枯白穗。

病害的发展受日均温度影响大，日均温度 20 ~ 25℃时病情发展迅速，病株率和严重度急剧上升；大于 30℃，病害基本停止发展。冬麦播种过早、密度大、冬前旺长、偏施氮肥或使用带有病残体而未腐熟的粪肥、春季受低温冻害等的麦田发病重。秋、冬季温度高和春季多雨、病田常年连作，有利于发病。小麦品种间对病害的抗性差异大。

防治措施

农业防治

选用抗病耐病品种，配方施肥，增施经高温腐熟的有机肥，不偏施、过施氮肥，控制小麦过分旺长。避免早播，适当降低播种量。及时清除田间杂草。雨后及时排水。

化学防治

播种前药剂拌种用种子重量 0.03% 的 15% 三唑酮（粉锈宁）可湿性粉剂或 0.0125% 的 12.5% 烯唑醇（速保利）可湿性粉剂拌种。

翌年春季小麦拔节期, 亩用有效成分井冈霉素 10g, 或井冈·蜡芽菌 (井冈霉素 4%, 蜡质芽孢杆菌 16 亿个 /g) 26g, 或烯唑醇 7.5g。选择上午有露水时施药, 适当增加用水量, 使药液能充分接触到麦株基部。

第八节　小麦茎基腐病

小麦茎基腐病　是由假禾谷镰孢菌、禾谷镰孢菌等引起的发生在小麦的病害。主要为害小麦的茎基部, 茎基部叶鞘受害后颜色渐变为暗褐色, 无云纹状病斑; 随病程发展, 小麦茎基部节间受侵染变为淡褐色至深褐色, 田间湿度大时, 茎节处、节间生粉红色或白色霉层, 茎秆易折断。主要侵染小麦基部 1—2 节叶鞘和茎秆, 造成小麦倒伏和提前枯死, 一般减产 5% ~ 10%, 严重时可达 50% 以上, 甚至绝收。

茎基腐病病部表现

症状特征

死苗、烂种　多发于种子萌发前受到病原菌侵染, 而导致苗期枯萎, 茎基部叶鞘、茎秆变成褐色, 根部出现腐烂。

茎基部变褐色　多发于小麦生长期, 茎基部 1—2 茎节出现褐变, 严重时延伸至第 6 茎节, 但不会影响到穗部。在雨水潮湿条件下, 茎节处可见红色或白色霉层。

白穗　受害麦田多出现零星的单株麦子死亡的白穗现象。茎基腐病从小麦分蘖期到成熟期均有可能发生。

发生条件

最早出现在 11 月中下旬, 地面以上叶面发黄, 茎基部出现褐变; 初春返青期小麦生长加快, 抗寒力下降, 此时诱发茎基腐病发生; 4 月下旬至 5 月上中旬, 气温上升, 加之降雨影响, 为茎基腐病多发期。小麦生长后期, 因田间小麦植株密度大, 温湿度高,加剧茎基腐病的为害。小麦茎基腐病与其他"白穗"病症区别：在茎基部根腐病和赤霉病无明显病症，纹枯病有波纹病斑，全蚀病有"黑膏药"状菌丝体。小麦茎基腐病呈现逐年加重趋势，由零星病株扩展为成片发病，再扩展为连片发病。

茎节处生白色老霉层

无云纹状病斑

云纹状病斑

节间受害变褐色

防治措施

农业防治

清除病残体，合理轮作，适期迟播，配方施肥，增施锌肥。有条件的可与油菜、棉花、蔬菜等双子叶作物轮作，能有效减轻病情。

化学防治

药剂拌种　用2.5%咯菌腈悬浮种衣剂10～20ml加3%苯醚甲环唑悬浮种衣剂50～100ml，拌小麦种子10kg；或用6%戊唑醇悬浮种衣剂50ml，拌小麦种子100kg。

生长期药剂喷洒　小麦苗期至返青拔节期，在发病初期，用12.5%烯唑醇可湿性粉剂45～60g，兑水40～50L喷雾防治。

第九节　小麦黄矮病

小麦黄矮病　又名黄叶病，属病毒病，主要侵害小麦、大麦、燕麦、粟、糜子、玉米等作物及多种禾本科杂草。麦类作物感病后，光合作用等生理机能遭到干扰和破坏，麦粒千粒重下降，穗粒数降低。因黄矮病毒的自然侵染可使麦类作物产量损失达11% ~ 33%。

黄矮病病部表现

症状特征

黄矮病一般在秋季分蘖前或分蘖后入侵小麦，苗期叶片失绿变黄，分蘖增多，病株矮化，上部叶片从叶尖发黄，逐渐扩展，色鲜黄有光泽，叶脉间有黄色条纹，病株极少抽穗，或抽穗不结实。发病晚的只有旗叶发黄，株高正常，但结穗秕籽多，千粒重低。

叶片黄绿相间条纹

黄矮病导致成片发黄矮化

发生规律

小麦黄矮病是由小麦蚜虫传播，其中以二叉蚜传播力较强，其在病麦株上吸食

10分钟就能获毒,在健株上吸食5分钟就能使麦株感病。所以,小麦黄矮病的发生和流行,同当地传毒蚜虫数量呈正相关,这种蚜虫数量又受到雨量及气温等因素影响。秋季麦苗出土后降雨多,有翅蚜就少,则秋苗发病少;反之,秋苗发病就多。秋苗发病的多少是春季发病的主要依据。早春麦蚜扩散是传播小麦黄矮病毒的主要时期。因此,秋季干旱,温度高,降温迟,接着春季温度回升快,就是重病流行年;秋季多雨而春季旱,一般为轻病流行年。如秋、春两季都多雨,则发病较轻;秋季旱而春季多雨,则可能中度发生。小麦品种间对黄矮病的抗病性有差异。

小麦黄矮病病株

小麦黄矮病红色反应

发病条件:冬麦播种早,发病重;阳坡重,阴坡轻;旱地重,水浇地轻;粗放管理重,精耕细作轻;瘠薄地重。小麦拔节孕穗期遇低温,抗性降低易发生黄矮病。小麦黄矮病流行程度与毒源基数多少有重要关系,如白生苗等病毒寄主量大,麦蚜虫口密度大易造成黄矮病大流行。

防治措施

农业防治

选用抗(耐)病小麦品种。加强栽培管理,冬麦区避免过早或过迟播种,及时冬灌,春麦区适期早播;强化肥水管理,增强植株的抗病性;及时清除田间路边杂草。

药剂防治

秋季发现有蚜虫传毒,及时选用高效低毒农药喷雾防治,将大量蚜虫控制在传毒之前。在11月上旬用10%吡虫啉3 000倍液或2.5%高效氯氟氰菊酯1 500倍液喷雾,可有效控制黄矮病的发生。早春小麦起身拔节期发现有黄矮病发生的地块,用50%消菌灵可湿性粉剂1 000倍液加2.5%高效氯氟氰菊酯1 500倍液喷雾,防治效果很好,同时能兼治小麦纹枯病、锈病、白粉病、蚜虫和红蜘蛛。

第十节　小麦灰霉病

小麦灰霉病　是发生在小麦穗部的重要病害，从苗期到成熟期均可发病。分生孢子梗由菌丝体或菌核生出，丛生，有分隔，灰色，后变褐色，上部浅褐色，顶端树枝状分枝，大小(220 ~ 480)μm×(10 ~ 20)μm；分生孢子球形或卵形，生于枝顶端，单胞无色至灰色，大小(10 ~ 17.5)μm×(7.5 ~ 12)μm，呈葡萄穗状聚生于分子孢子梗分枝的末端。此外，还可形成无色球形的小分生孢子，长3μm，该菌寄主范围广。

灰霉病病部表现

症状特征

小麦叶片染病初在基部叶片上现不规则水浸斑，拔节后叶尖先变黄，且下部叶片先发病，后逐渐向上蔓延。病部现水渍状斑，褪绿变黄，后形成褐色小斑，最后变为黑褐色枯死，其上产生白色霉状物，即病菌孢子梗和分生孢子。春季长期低温多雨条件下，穗部发病，颖壳变褐，生长后期病部可长出灰色霉层。

小麦灰霉病为害麦穗状

小麦灰霉病叶片病斑

小麦灰霉病病粒

小麦灰霉病病粒变褐色

发生规律

小麦灰霉病病原菌属弱寄生菌，在田间靠气流传播。遇有潮湿环境或连续阴雨，病情扩展迅速，植株上下部叶片不同部位均可同时发病，形成发病中心。病原菌之菌丝生长和孢子萌发的最适温度为 23 ~ 25℃，最适相对湿度为 95% ~ 100%。小麦在春季潮湿环境或连续阴雨季节易发病。小麦品种间抗病差异明显。

防治措施

农业防治

选用抗灰霉病的小麦品种。加强田间管理，合理密植，在雨后及时做好排水工作，降低田间湿度；科学施肥，增施有机肥及磷、钾肥，提高小麦植株抗病力。

药剂防治

在小麦扬花灌浆期，日平均温度 15℃以上，连阴雨开始前的 4 ~ 5 天中，每亩用托布津或多菌灵 50 ~ 75g，或托福合剂 100 ~ 150g 喷施，有良好的防病增产效果。

第十一节 小麦黑胚病

小麦黑胚病 又叫黑点病，是一种小麦籽粒胚部或其他部分变色的病害。小麦黑胚病在我国原是一种不引人注意的病害，但近年来随着品种更替和水肥条件的改善，华北麦区有逐年加重趋势。据调查，我国小麦主产区河南、山东、河北等省推广的大部分小麦品种，都不同程度地有黑胚病，一般在 10% 左右，严重的高达 40% 以上。由于黑胚病危害，导致小麦等级下降，影响粮食收购价格和农民收入，已逐渐引起人们的重视。

黑胚病病部表现

症状特征

小麦感病后，胚部会产生黑点。如果感染区沿腹沟蔓延并在籽粒表面占据一块区域，会使籽粒出现黑斑，使小麦籽粒变成暗褐色或黑色。

由链格孢侵染引起时，通常在小麦籽粒胚部或胚的周围出现深褐色的斑点，这种褐斑或黑斑为典型的"黑胚"症状。

由麦类根腐德氏霉侵染引起时，一般籽粒带有浅褐色不连续斑痕，其中央为圆形或椭圆形的灰白色区域，引起典型的眼睛状病斑。

镰孢霉侵染引起的症状是籽粒带有灰白色或浅粉红色凹陷斑痕。籽粒一般干瘪，重量轻，表面长有菌丝体。

小麦籽粒潮湿时或保湿情况下产生灰黑色霉层，部分产生灰白色至浅粉红色霉层。

小麦黑胚病田间发病

籽粒出现黑斑

发生规律

多种病原真菌均能引起小麦黑胚，不同地区引起小麦黑胚病的病原菌不同，已报道的有细交链孢、极细交链孢、麦类根腐离蠕孢、麦类根腐德氏霉、芽枝孢霉、镰孢霉和丝核菌等。在我国，主要是链格孢霉、腐德氏霉和离蠕孢、镰孢霉引起的黑胚病较常见。致病力测定结果表明，麦类根腐离蠕孢菌所致的黑胚率最高，其次是极细交链孢菌和细交链孢菌。

防治措施

农业防治

培育和利用抗病品种是最经济有效的防治措施，小麦品种间对黑胚病的抗性有明显差异，这为抗病品种的培育和利用提供了可行性。

合理施用水肥，保证小麦植株健壮不早衰，提高小麦植株的抗病性；小麦成熟后及时收获等，可减轻病害。

药剂防治

药剂拌种　用2.5%咯菌腈悬浮种衣剂10～20ml加3%苯醚甲环唑悬浮种衣剂50～100ml，拌麦种10kg。

药剂喷洒　每亩用25%嘧菌酯或25%敌力脱50ml，或5%烯肟菌胺80ml，或10%适乐时50g，或12.5%腈菌唑60ml，兑水40～50L喷雾防治。

第十二节　小麦黑颖病

小麦黑颖病　又名小麦细菌性条纹病或条斑病(病斑出现在颖壳上的称为黑颖病，出现在叶片上的称为细菌性条纹病或条斑病)，是一种遍及全球的重要细菌性病害，在我国北京、山东、新疆、西藏、甘肃、河北、山西、河南、陕西和黑龙江等麦区均有发生。主要侵害小麦叶片、叶鞘、穗部、颖片及麦芒。小麦在孕穗开花期受害较重，造成植株提早枯死，穗形变小，籽粒干秕。发病严重田块病株率达85%～100%，平均病株率98%，减产20%～30%，并造成品质和等级下降。该病害除侵染小麦外，也能侵染黑麦、大麦、燕麦、无芒雀麦、水稻和许多杂草、蔬菜，但以对小麦造成的经济损失较大。

黑颖病病部表现

症状特征

小麦黑颖病主要发生在穗部(包括颖、种子和芒),也能侵染茎(茎秆和穗轴)和叶部。

穗部　始病时颖片上部呈水渍状条纹,继而成为黄褐色或黑褐色条斑,后来逐渐形成斑块;严重时,蔓延到全颖片和麦芒,在麦芒上形成褐斑,使芒变成黄褐色或黑褐色。一般全穗及颖壳的条斑和斑块分布多不规则。

茎部　在茎秆和穗轴上发生黑褐色纵向蔓延的条斑。

叶部　最初呈水渍状斑纹,沿叶脉纵向蔓延扩大,变成黄褐色或黑褐色长斑,以后从叶尖端开始枯萎。有时叶上病斑(麦苗返青不久时)与后期病斑均呈紫色。在空气潮湿时,病颖和病茎上渗出带有光泽的黏液(菌脓),干燥时在其表面凝结。

有些小麦品种的黑颖是品种的遗传特征,这种情况要与一般的小麦黑颖病加以区别。

受害颖壳上的病斑

受害叶片的症状

受害叶片叶鞘上的病斑

小麦黑颖病黄单胞菌

发生规律

小麦黑颖病初侵染源来自种子带菌、病残体和其他寄主,以种子带菌为主。病菌从种子进入导管,后到达穗部,产生病斑。菌脓中的病原细菌,借风雨或昆虫及接触传播,从气孔或伤口侵入,进行多次再侵染。小麦孕穗期至灌浆期降雨多,温度高发病重。

防治措施

农业防治

选用无病种子。合理轮作,麦收后深耕灭茬,清除病残体,消灭自生麦苗,压低菌源基数。施用腐熟有机肥,增施磷、钾肥,采用配方施肥技术,增强植株抗病能力。

药剂防治

(1)种子处理:用50%多菌灵可湿性粉剂,或70%甲基硫菌灵可湿性粉剂按种子量的0.2%拌种。

(2)发病初期,每亩用25%叶青双可湿性粉剂100～150g兑水50L喷雾2～3次,或用新植霉素4 000倍液喷雾防治。

(3)病情严重的地块,在小麦抽穗期喷洒75%百菌清可湿性粉剂800～1 000倍液,或25%苯菌灵乳油800～1 000倍液,或25%丙环唑乳油2 000倍液防治,间隔15天再喷一次。

第十三节　小麦霜霉病

小麦霜霉病　别名黄化萎缩病,通常在田间低洼处或水渠旁零星发生。该病在不同生育期表现症状不同。

霜霉病病部表现

症状特征

苗期发病时病苗矮缩,叶片呈淡绿色,有时出现轻微条纹状花叶。返青拔节后发病时,叶片颜色变浅,并出现黄白条形花纹,叶片变厚,皱缩扭曲;病株变矮,不能正常抽穗,形成龙头穗;茎秆粗壮,表面出现一层白霜状霉层。

病株严重矮化　　　　　　　　　病株叶片扭曲

发生规律

　　病菌以卵孢子在土壤内的病残体上越冬或越夏。发病的野生寄主也是病菌的初侵染来源。卵孢子在水中经5年仍具发芽能力。一般休眠5～6个月后发芽,产生游动孢子,在有水或湿度大时,萌芽后从幼芽侵入,成为系统性侵染。

　　苗期是病菌的主要侵染时期,最易感病期为露白至叶期;小麦播种后,雨水多、气温偏低,有利于该病发生;地势低洼、稻麦轮作田易发病。播种后灌水不当,造成田间长期积水,也有利于发病。整地质量差,耕作粗放,发病亦重。

病株心叶扭曲影响穗抽出

病株叶片褪绿

病穗(右、中)与健穗(左)

叶片变厚,皱缩扭曲

农业防治

实行轮作，发病重的地区或田块，应与非禾谷类作物进行1年以上轮作；健全排灌系统，严禁大水漫灌，雨后及时排水防止湿气滞留，发现病株及时拔除。

药剂拌种。播前每50kg小麦种子用25%甲霜灵可湿性粉剂100～150g（有效成分为25～37.5g）加水3L拌种。

药剂防治

发病初期可喷施下列药剂：70%烯酰吗啉·霜脲氰水分散粒剂1 000～1 500倍液，24%霜脲氰·氰霜唑悬浮剂（30～50g/亩），70%代森锰锌可湿性粉剂600～800倍液，77%氢氧化铜可湿性粉剂600倍液，70%丙森锌可湿性粉剂600倍液。

第十四节　小麦颖枯病

小麦颖枯病　广泛分布于我国小麦种植区。主要为害小麦未成熟的穗部和茎秆，有时也为害小麦叶片、叶鞘。小麦受害后穗粒数减少，籽粒瘪瘦，出粉率降低。一般颖壳受害率10%～80%，轻者减产1%～7%，重者在30%以上。

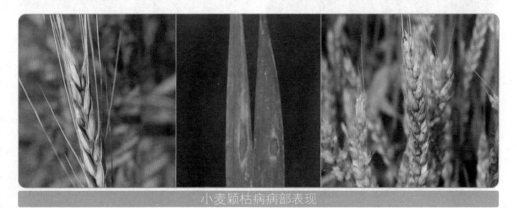

小麦颖枯病病部表现

症状特征

小麦从种子萌发至成熟期均可受颖枯病为害，但主要发生在小麦穗部和茎秆上，叶片和叶鞘也可受害。穗部受害，初在颖壳上产生深褐色斑点，后变枯白色，扩展到整个颖壳，其上长满菌丝和小黑点(分生孢子器)，病重的不能结实。叶片上病斑初为长椭圆形、淡褐色小点，后逐渐扩大成不规则形病斑，边缘有淡黄色晕圈，中间灰白色，其上密生小黑点。有的叶片受侵染后无明显病斑，而全叶或叶的大部分变黄，剑叶受害多卷曲枯死。茎节受害呈褐色病斑，其上也生细小黑点。病菌能侵入导管，将导管堵塞，使节部发生畸变、弯曲，上部茎秆变灰褐色而折断枯死。

颖壳上的病斑

叶片上的病斑

叶鞘茎秆受害

成熟期为害

发生规律

冬麦区病菌在病残体上或附在种子上越夏，秋季侵入麦苗，以菌丝体在病株上越冬。春麦区以分生孢子器和菌丝体在病残体上越冬，次年条件适宜时，释放出分生孢子侵染春小麦。病菌喜温暖潮湿环境，高温多雨气候有利于病害的发生和蔓延。麦田长期连作，田间病残体多，使用带菌种子和未腐熟的有机肥，均可使病害发生严重。需要注意的是，小麦颖枯病的病斑，无论在任何部位，其色泽均较小麦叶枯病深。

防治措施

农业防治

选用无病种子，病田小麦不可留种。清除病残体，麦收后深耕灭茬。消灭自生麦苗，减少越夏、越冬菌源。实行2年以上轮作。春麦适时早播，施用充分腐熟有机肥，增施磷、钾肥，采用配方施肥技术，增强植株抗病力。

药剂防治

可用70%甲基硫菌灵可湿性粉剂或40%拌种双可湿性粉剂按种子量的0.2%拌种。重病区，在小麦抽穗期喷洒70%代森锰锌可湿性粉剂600倍液或75%百菌清可湿性粉剂800~1 000倍液和25%丙环唑乳油2 000倍液，隔15~20天喷一次，喷1~3次。

第十五节 小麦根腐病

小麦根腐病 是由禾旋孢腔菌侵染所引起的发生于小麦的病害。小麦各生育期均能发生，影响籽粒灌浆，降低千粒重。

小麦根腐病病部表现

症状特征

小麦各生育期均能发生。苗期形成苗枯，成株期形成茎基枯死、叶枯和穗枯。由于小麦受害时期、部位的症状差异，因此有斑点病、黑胚病、青死病等名称。症状表现常因气候条件而异。在干旱或半干旱地区，多产生根腐型症状。在潮湿地区，除小麦根腐病症状外，还可发生叶斑、茎枯和穗颈枯死等症状。

根部产生褐色或黑色病斑，植株茎基部出现褐色条斑，严重时茎折断枯死，或虽直立不倒,但提前枯死。枯死植株青灰色,白穗不实,俗称"青死病"。拔起病株可见根毛和主根表皮脱落,根冠部变黑并粘附土粒。

根部产生褐色病斑

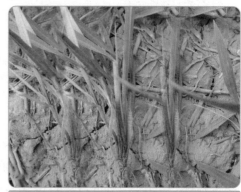
幼苗瘦弱,叶色黄绿

根腐病苗腐症状

被害籽粒病斑

发生规律

病害初次侵染主要来自病残体组织中的分生孢子。发病后病菌产生的分生孢子可再借助气流、雨水、轮作、感病种子传播,病菌可在土壤中存活若干年。小麦根腐病的流行程度与菌源数量、栽培管理措施、气象条件和寄主抗病性等因素有关。

(1)田间病残体多,腐解慢,病害初次侵染菌源积累多,发病就重。

(2)耕作粗放、土壤板结、播种时覆土过厚、春麦区播种过迟、冬麦区播种过早以及小麦连作、种子带菌、田间杂草多、地下害虫为害引起根部损伤等因素均有利于苗腐发生。麦田缺氧、植株早衰或叶片龄期长,小麦抗病力下降,则发病重。

(3)土壤过于干旱或潮湿及幼苗受冻害时,根腐病发生重。小麦抽穗后出现高温、多雨的潮湿气候,病害发生程度明显加重。

防治措施

农业防治

因地制宜,精选抗病品种种植。与马铃薯、大蒜、油菜等作物进行1~2年的轮作。科学施肥,增施腐熟的有机肥,配施磷、钾肥,秋苗期或返青期结合浇水冲施甲壳胺水溶性肥料。

药剂防治

药剂浸种　用70%代森锰锌可湿性粉剂100倍液浸种24~36小时,防效在80%以上。

喷药防治　小麦根腐病易防难治,应以预防为主,发现病株后及时用药治疗。发病重时,选用12.5%烯唑醇可湿性粉剂1 500~2 000倍液,或50%多菌灵可湿性粉剂1 000倍液,或50%甲基硫菌灵可湿性粉剂1 000倍液喷雾,保护小麦功能叶。第1次喷雾在小麦扬花期,第2次喷雾在小麦乳熟初期。

第十六节　小麦细菌性条斑病

小麦细菌性条斑病　病原称小麦黑颖病黄单胞菌(油菜黄单胞菌波形致病变种),属细菌。菌体短杆状,两端钝圆,极生单鞭毛。菌体大多数单生或双生,个别链状,有荚膜,无芽孢。革兰氏染色阴性,好气性。此病分布在北京、山东、新疆、西藏等地,主要为害小麦叶片,严重时也可为害叶鞘、茎秆、颖片和籽粒,是小麦的主要病害之一。

小麦细菌性条斑病病部表现

症状特征

病部初现针尖大小的深绿色小斑点，后扩展为半透明水浸状深绿色的条斑，沿叶脉发展，颜色逐渐变为黄褐色，大多生于叶片中肋的两侧。后变深褐色，成为纵贯叶片的细长枯斑。严重时，条斑可布满大部叶片，尤以叶片中部较为密集，条斑相连，使叶片中部枯干呈丝缕状，四周却仍然保持原来的绿色。

茎秆受害症状

田间受害表现

初期症状

为害小麦叶片

发生规律

病株残体及种子带菌越冬，靠风雨、灌溉水、田间作业等方式传播扩散，其中以风雨传播为主。从寄主的自然孔口或伤口侵入，经3～4天潜育即发病，在田间经暴风雨传播蔓延，进行多次再侵染。春麦中叶片蜡质薄、柔软、披散的品种发病重。在5—7月暴风雨次数多，造成叶片产生大量伤口，致细菌多次侵染，易流行成灾。叶片蜡质厚、上冲的品种发病轻。一般土壤肥沃、播种量大、施肥多且集中，尤其是施氮肥较多，致使植株密集，枝叶繁茂，通风透光不良则发病重。

防治方法

农业防治

选用抗病、耐病品种，春麦要种植生长期适中或偏长的品种。用45℃水恒温浸种3小时，晾干后播种。也可用1%生石灰水在30℃下浸种24小时，晾干后再用种子重量0.2%的40%拌种双粉剂拌种。

冬麦不宜过早播种。春麦要种植生长期适中或偏长的品种，采用配方施肥技术。同时，根据农作物生长需求合理灌水、施肥，增施磷、钾肥，并喷施新高脂膜，增强肥效，提高抗病能力，促使植株健壮生长；及时进行中耕、除草、培土等；孕穗期要喷施壮穗灵，以强化作物生理机能，提高授粉、灌浆质量，增加千粒重。

药剂防治

发病前或发病初期可用72%农用硫酸链霉素可溶性粉剂3 000倍液，或70%敌克松可湿性粉剂2 000倍液，或20%噻森铜乳油500倍液，每隔7～10天喷一次，共喷2～3次。

第十七节 小麦锈病

小麦锈病 又叫黄疸，主要有秆锈病、叶锈病和条锈病三种，分别是由秆锈病菌、叶锈病菌和条锈病菌引起，发生在小麦的病害。小麦发病后轻者麦粒不饱满，重者麦株枯死，不能抽穗。一旦感染，将对小麦生长造成严重影响，进而降低小麦的产量，一般减产5%～15%，严重者达50%以上。

小麦锈病病部表现

症状特征

三种锈病症状的共同特点：在受侵叶片或秆上出现鲜黄色、红褐色或深褐色的夏孢子堆，破裂后，孢子散开呈铁锈色。

三种锈病症状最主要的区别：条锈病的夏孢子堆与叶脉同方向排列成虚线条状，鲜黄色，故又称黄锈病。叶锈病的夏孢子堆大小居中，散生，红褐色，故又称褐锈病。秆锈病的夏孢子堆最大，散生，深褐色，故又称黑锈病。条锈病和叶锈病的冬孢子堆小且不破裂，秆锈病的冬孢子堆大且易破裂，三种冬孢子均为黑色。

小麦叶锈病 主要为害叶片，有时也可为害叶鞘和茎秆。叶片受害，产生许多散乱的、不规则排列的圆形至长椭圆形橘红色夏孢子堆，表皮破裂后，散出黄褐色夏孢子粉。夏孢子堆一般不穿透叶片，多发生在叶片正面。后期在叶背面散生椭圆形黑色冬孢子堆。

小麦条锈病 主要为害叶片，也可为害叶鞘、茎秆、穗部。受害后叶片表面出现褪绿斑，后产生黄色疱状夏孢子堆。夏孢子堆小，长椭圆形，在植株上延叶脉排列成行，虚线状。后期在发病部位产生黑色的条状冬孢子堆。

小麦条锈病病菌主要以夏孢子在小麦上完成周年的侵染循环。其侵染循环可分为越夏、侵染秋苗、越冬及春季流行四个环节。

小麦叶锈病

叶锈病病菌在自生麦苗上越夏

小麦条锈病

严重的条锈病症状

小麦秆锈病 主要为害小麦茎秆和叶鞘,也可为害叶片和穗部。夏孢子堆长椭圆形,在三种锈病中最大,隆起高,黄褐色,不规则散生。秆锈病病菌孢子堆穿透叶片的能力较强,导致同一侵染点叶正反面均出现孢子堆,且背面孢子堆比正面大。成熟后表皮大片开裂并向外翻起如唇状,散出锈褐色夏孢子粉。后期产生黑色冬孢子堆,破裂产生黑色冬孢子粉。

小麦秆锈病病菌夏孢子堆

小麦秆锈病病菌冬孢子堆

翌年小麦返青后,越冬病叶中的菌丝体复苏扩展,当旬均温上升至5℃时显症产孢,如遇春雨或结露,病害扩展迅速,导致春季流行。在具有大面积感病品种前提下,越冬菌量和春季降雨成为流行的两大重要条件。如遇较长时间无雨、无露的干旱情况,病害扩展常常中断。因此,早春发生春旱的地方发病轻,只有早春低温持续时间较长,又有春雨的条件发病重。品种抗病性差异明显,但大面积种植具同一抗原的品种,由于病菌小种的改变,往往造成抗病性丧失。

发生规律

小麦条锈病 病菌在我国西北和西南高海拔地区越夏。越夏区产生的夏孢子经风吹到广大麦区,成为秋苗的初侵染源。在冬季平均气温低于 –7 ~ –6℃时,病菌不能越冬。春季在越冬病麦苗上产生夏孢子,可扩散造成再次侵染。造成春季流行的条件:大面积感病品种的存在;一定数量的越冬菌源;3—5月的雨量,特别是3月、4月的雨量过大;早春气温回升较早。

小麦叶锈病 病菌在我国各麦区一般都可越夏,越夏后成为当地秋苗的主要侵染源。冬季在小麦停止生长但最冷月气温不低于0℃的地方,病菌以休眠菌丝体潜伏于麦叶组织内越冬,春季温度适宜时再随风扩散为害。病菌侵入的最适温度为15 ~ 20℃。造成叶锈病流行的因素主要是当地越冬菌量、春季气温和降水量以及小麦品种的抗感性。

小麦秆锈病　病菌以夏孢子传播。夏孢子萌发侵入适宜温度为 18～22℃。小麦秆锈病可在南方麦区不间断发生。主要冬麦区菌源逐步向北传播,由南向北造成危害,因而大多数地区秆锈病流行都是由外来菌源所致。除大量外来菌源外,大面积感病品种、偏高气温和多雨水是造成流行的因素。

防治措施

农业防治

因地制宜种植抗病品种,这是防治小麦锈病的基本措施。适期播种,适当晚播,不要过早,可减轻秋苗期条锈病发生。小麦收获后及时翻耕灭茬,消灭自生麦苗,减少越夏菌源,可减轻小麦的发病程度。提倡施用酵素菌沤制的堆肥或腐熟有机肥,增施磷、钾肥,搞好氮、磷、钾合理搭配,增强小麦抗病力。速效氮不宜过多、过迟,防止小麦贪青晚熟,加重受害。合理灌溉,土壤湿度大或雨后注意开沟排水,后期发病重的需适当灌水,减少产量损失。

药剂防治

药剂拌种　用 25% 三唑酮可湿性粉剂 15g 拌麦种 150kg,或 12.5% 特谱唑可湿性粉剂 60～80g 拌麦种 50kg。

叶面喷雾　结合小麦中后期"一喷三防"进行防治,亩用 15% 三唑酮 80～100g,或 43% 戊唑醇 20ml 加 10% 吡虫啉 20～30g,或 2.5% 高效氯氰菊酯 100ml 加 99% 磷酸二氢钾 50～60g,兑水 30～45L 均匀喷雾。用于防治条锈病。

小麦拔节至孕穗期,病叶普遍率达 2%～4%,严重度达 10% 时,开始喷洒 20% 三唑酮乳油或 12.5% 特谱唑(烯唑醇、速保利)可湿性粉剂 1 000～2 000 倍液,25% 敌力脱(丙环唑)乳油 2 000 倍液,做到普治与挑治相结合。小麦锈病、叶枯病、纹枯病混发时,于发病初期亩用 12.5% 特普唑可湿性粉剂 20～35g,兑水 50～80L 喷施效果较好。

第十八节　小麦煤污病

小麦煤污病　又称小麦霉污病,广泛分布于我国小麦产区。主要为害小麦叶片,也可为害叶鞘、穗部。一般发病麦田减产 3%～5%,严重时可达 20% 以上。

煤污病病部表现

症状特征

发病初期,病部出现许多散生的暗褐色至黑色辐射状霉斑。这种霉斑有时相连成片,形成煤污状的黑霉。黑霉只存在于植株的表层,用手就能轻轻擦去。危害严重时,小麦整株或成片污黑,影响植株的生长。

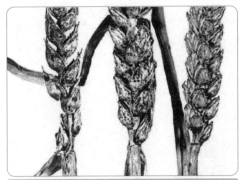

小麦煤污病为害麦穗

麦蚜引起煤污斑

小麦煤污病为害叶片

霉斑覆盖叶片

发生规律

小麦煤污病病原种类很多,主要是链格孢和枝孢霉,属于兼性寄生菌。病原在土壤、粪肥、种子表面、大气中广泛存在。病情发展与田间麦蚜的发生发展密切相关,麦蚜发生年煤污病发生也重。尤其小麦穗蚜大发生时,小麦穗部、旗叶以及下部叶片上粘有蚜虫排泄的大量蜜露,会诱发小麦穗、叶片、茎秆上的煤污病,导致该病严重发生。高温高湿利于煤污病的发生。

防治措施

农业防治

加强栽培管理。植株不可过密,改善通风透光条件,切忌环境阴湿,控制病菌滋生。积极防治蚜虫,可有效减轻病害发生。

药剂防治

当麦田蚜虫大发生,单一使用杀虫剂已经无法控制煤污病时,应喷洒甲基托布津、多菌灵等杀菌剂,及时防治煤污病。

第五章
虫害防治技术

第一节　小麦蚜虫

小麦蚜虫　俗称油虫、腻虫、蜜虫，是小麦的主要害虫之一，可对小麦进行刺吸危害，影响小麦光合作用及营养吸收、传导。小麦抽穗后集中在穗部为害，形成秕粒，使千粒重降低，造成减产。全世界各麦区均有发生。若虫、成虫常大量群集在小麦叶片、茎秆、穗部吸取汁液，受害处初呈黄色小斑，后为条斑，枯萎，整株变枯至死。我国危害小麦的蚜虫有多种，通常较普遍而重要的有麦长管蚜、麦二叉蚜等。

形态特征

无翅孤雌蚜体长约 3.1mm，宽约 1.4mm，长卵形，草绿色至橙红色，头部略显灰色，腹侧具灰绿色斑。触角、喙端节、腹管黑色，尾片色浅。腹部第 6—8 节及腹面具横网纹，喙粗大，超过中足基节。额瘤显著外倾。触角（1～2 龄若蚜触角均为 5 节，3～4 龄若蚜和成蚜触角均为 6 节）细长，全长不及体长，第 3 节基部具 1～4 个次生感觉圈。喙粗大，超过中足基节。端节圆锥形，约为基宽的 1.8 倍。腹管长圆筒形，长约为体长的 1/4，在端部有网纹十几行。尾片长圆锥形，长约为腹管的 1/2，有 6～8 根曲毛。有翅孤雌蚜体长约 3.0mm，椭圆形，绿色，触角黑色，第 3 节有 8～12 个感觉圈排成一行。喙不达中足基节。腹管长圆筒形，黑色，端部具 15～16 行横行网纹，尾片长圆锥状，有 8～9 根毛。

麦长管蚜

为害特征

吸食叶片、茎秆和嫩穗的汁液，影响小麦正常发育，严重时常导致生长停滞。同时，其刺吸式口器刺入叶片时也会产生伤口，传播多种病毒，如黄矮病。小麦抽穗扬花期，蚜虫发生面积迅速扩大，虫口密度急剧上升，形成小麦"穗蚜"，使叶片发黄，减少穗粒数，降低千粒重。

为害穗部

为害叶片

为害茎秆

后期为害状

生活习性

一年发生 20 ~ 30 代，在多数地区以无翅孤雌成蚜和若蚜在麦株根际或四周土块缝隙中越冬，有的可在背风向阳麦田的麦叶上继续生活。该虫在我国中部和南部属不全周期型，即全年进行孤雌生殖，不产生性蚜世代，夏季高温季节在山区或高海拔的阴凉地区麦类自生苗或禾本科杂草上生活。在麦田春、秋两季出现两个高峰，夏季和冬季蚜量少。秋季冬麦出苗后从夏寄主上迁入麦田进行短暂的繁殖，出现小高峰，为害不重。11 月中下旬后，随气温下降开始越冬。春季返青后，气温高于 6℃开始繁殖，低于 15℃繁殖率不高，气温高于 16℃，麦苗抽穗时转移至穗部，数量迅速上升，直到灌浆和乳熟期蚜量达高峰，气温高于 22℃，产生大量有翅蚜，迁飞到冷凉地带越夏。

该蚜在北方春麦区或早播冬麦区常产生孤雌胎生世代和两性卵生世代，世代交替。多于 9 月迁入冬麦田，10 月上旬均温 14 ~ 16℃进入发生盛期，9 月底出现性蚜，10 月中旬开始产卵，11 月中旬均温 4℃进入产卵盛期并以此卵越冬。翌年 3 月中旬进入越冬卵孵化盛期，历时 1 个月，春季先在冬小麦上为害，4 月中旬开始迁移到春麦上，无论春麦还是冬麦，到了穗期即进入为害高峰期。6 月中旬又产生有翅蚜，迁飞到冷凉地区越夏。

防治方法

农业防治

合理布局作物，冬麦、春麦混种区尽量单一化，秋季作物尽可能为玉米和谷子等。选择一些抗虫、耐病的小麦品种种植。播种前用种衣剂加新高脂膜拌种，可驱避地下病虫，隔离病毒，但不影响萌发吸胀功能，从而提高种子发芽率。

冬麦适当晚播，实行冬灌，早春耙磨镇压。作物生长期间，要根据需求施肥、给水，保证氮、磷、钾与墒情匹配合理，以促进植株健壮生长。雨后应及时排水，防止湿气滞留。

在孕穗期要喷施壮穗灵，强化作物生理机能，提高授粉、灌浆质量，增加千粒重，提高产量。

药剂防治

改进施药方法，避免杀伤麦田害虫的天敌。可充分利用瓢虫、食蚜蝇、草蛉、蚜茧蜂等麦田害虫的天敌。据测定，七星瓢虫成虫日食蚜100头以上。

当孕穗期有蚜株率达50%，百株平均蚜量200～250头，或灌浆初期有蚜株率达70%，百株平均蚜量500头时即应进行防治。用3%啶虫脒乳油2 500～3 000倍液喷雾；或在蚜虫发生的中后期用10%吡虫啉可湿性粉剂1 500～2 000倍液，或50%抗蚜威可湿性粉剂2 000倍液喷雾防治，以上药剂对蚜虫天敌基本无害。有小麦白粉病、锈病发生的麦田，在防麦蚜药中加入三唑酮或甲基硫菌灵，可兼治小麦白粉病、锈病等。

第二节　麦叶蜂

麦叶蜂　俗称齐头虫、小黏虫、青布袋虫，属昆虫纲膜翅目叶蜂科。主要分布于长江以北麦区。

形态特征

成虫体长8～9mm，雄体略小，黑色微带蓝光，后胸两侧各有一白斑。翅透明膜质。卵为肾形扁平，淡黄色，表面光滑。幼虫共5龄，老熟幼虫圆筒形，胸部粗，腹部较细，胸腹各节均有横皱纹。蛹长约9.8mm，雄蛹略小，淡黄到棕黑色，腹部细小，末端分叉，头部有网状花纹,复眼大。雌虫尾端有刀状产卵器,卵肾状,淡黄色。幼虫5龄,浅绿色,胸部突起,各节多有横皱。触角5节,圆锥形。腹部10节,腹足7对,位于第2—8腹节,尾足1对,腹足基部各有一暗纹。蛹初期黄白色,羽化前棕黑色。

麦叶蜂

为害特征

麦叶蜂主要分布在长江以北麦区,以幼虫为害麦叶,从叶边缘向内咬成缺刻,有时可将叶尖全部吃光。严重为害时将麦叶吃光,仅留主脉,使麦粒灌浆不饱满,产量降低。

麦叶蜂幼虫

麦叶蜂成虫

幼虫将叶尖咬成缺刻状

麦叶蜂蚀食叶片边缘

生活习性

麦叶蜂繁殖一年一代，以蛹在土中 20~24cm 深处越冬，3 月中下旬羽化，成虫在麦叶主脉两侧锯成裂缝的组织中产卵。4 月上旬至 5 月上旬卵孵化，幼虫为害麦叶，1~2 龄幼虫夜间在麦叶上为害，3 龄后，白天躲在麦丛下土缝中，夜间出来蚕食麦叶。5 月中旬老熟幼虫入土做茧休眠，8 月中旬化蛹越冬。成虫和幼虫都有假死性。幼虫喜潮湿，冬季温暖，土壤湿度适宜，越冬蛹成活率高，发病就严重。

防治方法

农业防治

麦播前深翻土壤，破坏幼虫的休眠环境，使其不能正常化蛹而死亡。有条件的地区可实行稻麦水旱轮作，控制效果好。利用麦叶蜂幼虫的假死性，可在傍晚时进行人工捕捉。

化学防治

防治适期每亩可用 3% 啶虫脒乳油 20~30ml，2.5% 三氟氯氰菊酯乳油 20~30ml，90% 敌百虫晶体 120~150g，或 10% 吡虫啉可湿性粉剂 20~25g，兑水制成 60~75L 药液喷雾。也可用 20% 氰戊菊酯乳油 4 000~6 000 倍液或 50% 辛硫磷乳油 1 000~2 000 倍液喷雾。药剂防治时间适于选择傍晚或上午 10:00 前，以提高防治效果。

第三节　麦双尾蚜

麦双尾蚜　又称俄罗斯麦蚜，属同翅目蚜科。在我国，目前只发生在新疆部分地区，一般年份可造成小麦产量损失 35%~60%，受害株千粒重仅为正常株的 20%。

形态特征

无翅孤雌蚜体长约 1.6mm，宽约 0.6mm，体浅绿色。触角长约 0.7mm。腹管长不及基宽。第 8 腹节背片中央具上尾片，长约为尾片的 0.5 倍。有翅孤雌蚜体长约 2.5mm，宽约 0.8mm。触角长约 0.7mm。

麦双尾蚜

为害麦类时,致旗叶纵卷,不能正常抽穗。具有发生期早(小麦拔节期)、隐蔽为害(卷曲心叶形成虫瘿)、减产幅度大等特点。

麦双尾蚜为害状

麦双尾蚜引起卷叶

麦双尾蚜为害麦叶状

麦双尾蚜为害麦苗状

生活习性

年生11代,在寒冷麦区营全周期生活。秋末冬初产生雌性蚜和雄蚜,交配后把卵产在麦类或禾本科杂草上。翌春卵孵化,在上述寄主上孤雌生殖 3 个世代,1 代、2 代为无翅型,3 代、4 代部分为有翅型,向外迁飞或为害到麦收。在温暖地区营不全周期孤雌生殖。

防治方法

农业防治

(1)及早进行除草,减少虫口密度。

(2)点片发生时进行防治,控制蔓延。

(3)加强田间管理,及时施肥浇水,以促进生长。

生物防治

保护瓢虫、草蛉、食蚜蝇等蚜虫的天敌,利用它们控制蚜虫数量。

药剂防治

必要时可喷洒 10% 扑虱蚜可湿性粉剂 2 500 倍液,或 2.5% 保得乳油 2 000 ~ 3 000 倍液,或 35% 赛丹乳油 3 000 倍液防治麦双尾蚜。

第四节　棉铃虫

棉铃虫　又名钻桃虫、钻心虫等,属鳞翅目夜蛾科。分布广、食性杂,主要为害棉花、小麦、玉米、花生、大豆等多种农作物。

形态特征

成虫:体长 15 ~ 20mm,前翅颜色变化大,雌蛾多黄褐色,雄蛾多绿褐色,外横线有深灰色宽带,带上有 7 个小白点,肾形纹和环形纹暗褐色。卵:近半球形,表面有网状纹。初产时乳白色,近孵化时紫褐色。幼虫:老熟幼虫体长 40 ~ 45mm,头部黄褐色,气门线白色,体背有十几条细纵线条,各腹节上有刚毛疣 12 个,刚毛较长。两根前胸侧毛的连线与前胸气门下端相切,这是区分棉铃虫幼虫与烟青虫幼虫的主要特征。体色变化多,以黄白色、暗褐色、淡绿色、绿色为主。蛹:长 17 ~ 20mm,纺锤形,黄褐色,第 5—7 腹节前缘密布比体色略深的刻点,尾端有臀刺 2 个。

棉铃虫

为害特征

取食麦粒汁液，受害后的麦粒只留下外壳，排出白色粪便落于麦穗和麦叶上；为害嫩叶成缺刻或孔洞，粪便堆积在叶面，严重影响小麦生长期的长势，导致产量下降，甚至绝收。田间棉铃虫幼虫多嗜食麦穗，一般不取食麦秆和麦叶。

棉铃虫为害叶片

棉铃虫为害穗部

生活习性

在为害小麦较重的产麦区一年发生4代，第1代为害小麦。以蛹在土中做室越冬，翌年小麦孕穗期出现越冬代蛾，抽穗扬花期为蛾盛期。成虫具趋光性，晚上活动，卵多产在麦田穗部。幼虫可取食麦粒、茎、叶片，以取食麦粒为主。幼虫取食麦粒排出的虫粪为白色。低孵幼虫常3～4头聚集在一个麦穗上取食，4龄后一个麦穗只有一头幼虫取食。幼虫有转粒、转株为害习性，一头幼虫一生可破坏40～60个麦粒。老熟幼虫入土做室化蛹，羽化后为害其他作物。秋季第4代老熟幼虫入土做室化蛹越冬。

防治方法

农业防治

秋天收获后,及时深翻耙地,冬灌,可消灭大量越冬蛹。

成虫发生期,应用佳多频振式杀虫灯、450W 高压汞灯、20W 黑光灯、棉铃虫性诱剂诱杀成虫。

药剂防治

麦田棉铃虫防治多结合防治黏虫、蚜虫等进行兼治。常用药剂有 10% 吡虫啉可湿性粉剂 1 500 倍液,20% 灭多威乳油 1 500 倍液,2.5% 氯氰菊酯乳油 1 500 倍液,50% 辛硫磷乳油 1 000 ~ 2 000 倍液,45% 丙·辛乳油 1 500 倍液,43% 辛·氟氯氰乳油 1 500 倍液。使用化学农药防治时,应注意在棉铃虫卵盛期和初孵幼虫期施药,并且选择不同类别或不同杀虫机理的药剂交替轮换使用,以提高防治效果和保护生态环境。

第五节　麦圆蜘蛛

麦圆蜘蛛　俗称"火龙",属蜱螨目叶爪螨科。分布在河南、河北、山东、山西、内蒙古等省区。为害小麦、大麦、豌豆、蚕豆、油菜等。

形态特征

成虫体长 0.60 ~ 0.98mm,宽 0.43 ~ 0.65mm,卵圆形,黑褐色。4 对足,第 1 对长,第 4 对居其次,第 2、3 对等长。足、肛门周围红色。卵长 0.2mm 左右,椭圆形,初暗褐色,后变浅红色。1 龄虫 3 对足,初浅红色,后变草绿色至黑褐色。2、3、4 龄虫 4 对足,体似成螨。

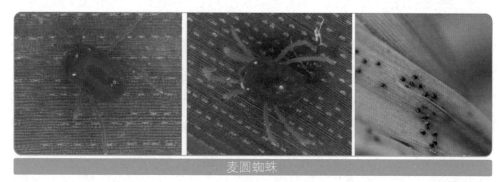

麦圆蜘蛛

为害特征

以成虫、若虫吸食麦叶汁液，受害叶上出现细小白点，后麦叶变黄，麦株生长不良，植株矮小，严重的全株干枯。

麦圆蜘蛛为害叶片	受害叶片显银白色失绿斑点

生活习性

麦圆蜘蛛年生2～3代，即春季繁殖1代，秋季1～2代，完成一个世代46～80天，以成虫或卵及若虫越冬。冬季几乎不休眠，耐寒力强，翌春2—3月越冬螨陆续孵化为害。3月中下旬至4月上旬虫口数量大，4月下旬大部分死亡，成虫把卵产在麦茬或土块上，10月越夏卵孵化，为害秋播麦苗。多行孤雌生殖，每雌产卵20多粒；春季多把卵产在小麦分蘖丛或土块上，秋季多产在须根或土块上，多聚集成堆，每堆数十粒，卵期20～90天，越夏卵期4～5个月。生长发育适温8～15℃，相对湿度高于70%，水浇地易发生。

防治方法

农业防治

（1）灌水灭虫。在麦圆蜘蛛潜伏期灌水，可使虫体被泥水粘于地表而死。灌水前先扫动麦株，使麦圆蜘蛛假死落地，随即放水，收效更好。

（2）精细整地。早春中耕，能杀死大量虫体。麦收后浅耕灭茬，秋收后及早深耕，因地制宜进行轮作倒茬，可有效消灭越夏卵及成螨，减少虫源。

（3）田间管理。一要施足底肥，保证苗齐苗壮，增加磷、钾肥的施入量，保证后期不脱肥，增强小麦自身抗虫能力；二要及时进行田间除草，对化学除草效果不好的地块，要及时采取人工除草办法，将杂草铲除干净，以有效减轻麦圆蜘蛛为害。一般不干旱、杂草少、小麦长势良好的麦田，麦圆蜘蛛发生轻。

药 剂 防 治

（1）种子处理。用50%辛硫磷乳油按种子量的0.2%拌种，将所需药量加种子量10%的水稀释后，喷洒于麦种上，搅拌均匀，堆闷12小时后播种。

（2）药剂喷雾。在春小麦返青后，当平均每33cm行长200头以上，上部叶片20%面积有白色斑点时，应进行药剂防治。可选用阿维菌素类农药，20%哒螨灵可湿性粉剂1 000～1 500倍液或15%哒螨灵乳油2 000～3 000倍液，也可用40%乐果乳油或50%马拉硫磷乳油2 000倍液，兑水喷雾。

（3）毒土。用2%混灭威粉剂或2%异丙威粉剂，每亩2kg，拌土25kg左右配成毒土撒施。必要时用2%混灭威粉剂或1.5%乐果粉剂，每亩1.5～2.5kg，喷粉或可掺入40kg细土撒毒土。

第六节　麦长腿蜘蛛

麦 长 腿 蜘 蛛　别名麦岩螨、红蜘蛛、红旱、麦虱子。主害区为河南、河北、山东、山西、内蒙古等省区的干旱、高燥麦区。

形态特征

成虫　体纺锤形，两端较尖，长约0.60mm，宽约0.45mm，黑褐色。体背有不太明显的指纹状斑足4对，红或橙黄色，均细长，第1对足特别长。气门器端部囊形，多室。

卵　卵有二型，形状不同。越夏卵呈圆柱形，橙红色，直径约0.18mm，卵壳表面覆白色蜡质，顶部盖有白色蜡质物，形似草帽状，并有放射状条纹。非越夏卵呈球形，红色，直径约0.15mm，表面有纵列隆起条纹数十条。

若虫　若虫共3龄。1龄虫称幼螨，圆形，直径约0.15mm，3对足，初为鲜红色，取食后为黑褐色。2、3龄虫有4对足，体形似成螨。

麦长腿蜘蛛

为害特征

　　麦长腿蜘蛛是旱地小麦的主要害虫，一般单尺行长小麦有螨400～600头，多的达1 000余头，受害麦叶呈现苍白失绿有斑点状，严重的麦叶黄枯，植株矮小，甚至不能抽穗。

为害叶片　　　　　　　　　　　　　　为害穗部

受害叶片呈失绿斑点状　　　　　　　　为害出现失绿中心

生活习性

　　麦长腿蜘蛛年生3～4代，以成虫和卵越冬，翌春2—3月成虫开始繁殖，越冬卵开始孵化，4—5月田间虫量多，5月中下旬后成虫产卵越夏，10月上中旬越夏卵孵化，为害麦苗。完成一个世代需24～46天。多行孤雌生殖。把卵产在麦田中硬土块或小石块及秸秆或粪块上，成虫、若虫亦群集，有假死性，主要发生在旱地麦田里。麦长腿蜘蛛在干旱麦田种群动态规律性较强，可划分为点片侵入、低温抑制、回升、突增和突衰5个特征期。

防治方法

　　防治方法同麦圆蜘蛛。

第七节　麦红吸浆虫

麦红吸浆虫　属双翅目瘿蚊科。多分布在渭河、淮河、黄河、海河、卫河、白河、伊洛沁河、沙河、汉水、长江流域。主要发生在北方麦区。

形态特征

雌成虫体长 2～2.5mm，翅展 5mm 左右，体橘红色。复眼大，黑色。前翅透明，有 4 条发达翅脉。卵长约 0.09mm，长圆形，浅红色。幼虫体长 2～3mm，椭圆形，橙黄色，头小，无足；前胸腹面有一个"Y"形剑骨片，前端分叉，凹陷深。蛹长约 2mm，裸蛹，橙褐色，头前方具白色短毛 2 根和长呼吸管 1 对。

麦红吸浆虫

为害特征

麦红吸浆虫以幼虫为害花器或麦粒，幼虫埋伏在颖壳内吸食正在灌浆的麦粒汁液，造成秕粒、空壳，一般常减产 10%～20%，重则减产 80%～90%。

麦红吸浆虫成虫

麦红吸浆虫幼虫

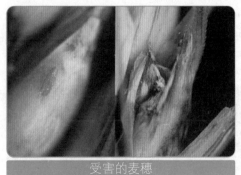

受害的麦穗

受害的麦粒

一年一代或多年一代。老熟幼虫结成圆茧在土中越夏越冬。干燥时呈土色,很难辨认。3—4月因雨雪或灌溉使休眠体接触足够水分时,幼虫开始破茧上升到离地面2~3cm处,直接在土中化蛹,或结成长茧后化蛹,蛹期7~10天。成虫羽化后先在地面爬行,后在麦茎基部栖息,待翅干硬后开始起飞,寿命3~4天。白天在麦丛中交尾。雌虫在早晨或傍晚飞到抽穗而未扬花的麦穗上产卵,每处1~2粒,每雌可产卵30~40粒,以护颖内、外颖背面为多。卵期3~7天。幼虫共3龄,孵化后钻入麦壳内为害,老熟后,麦壳内有足够水分湿润虫体才能爬出麦壳,落地入土,结茧休眠。

防治方法

农业措施

因地制宜选用抗虫丰产品种。在虫害重发区,实行轮作倒茬,使害虫失去寄主。实行土地连片深翻(20cm),使潜藏的麦红吸浆虫暴露在外,促其消亡。

药剂防治

以有机磷农药防治为主,在蛹盛期(小麦抽穗前)施药防治最好。成虫期防治:小麦抽穗扬花前可选用快杀灵、蚜虱净等药剂喷雾防治。

第八节 麦黄吸浆虫

麦黄吸浆虫 属双翅目瘿蚊科。主要分布在山西、内蒙古、河南、湖北、陕西、四川、甘肃、青海等省区。

形态特征

雌成虫体长2mm左右,体鲜黄色,产卵器伸出时与体等长。雄虫体长约1.5mm,

腹部末端的抱握器基节内缘无齿。卵长 0.29mm，香蕉形。幼虫体长 2～2.5mm，黄绿色，体表光滑，前胸腹面有剑骨片，剑骨片前端呈弧形浅裂，腹末端生突起 2 个。蛹鲜黄色，头端有 1 对较长毛。

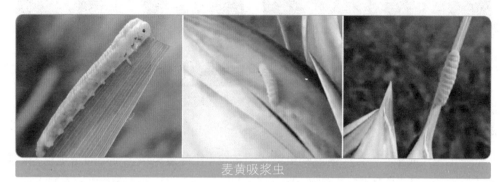
麦黄吸浆虫

为害特征

被吸浆虫为害的小麦，其生长势和穗型大小不受影响；由于麦粒被吸空，麦秆表现直立不倒，具有"假旺盛"的长势，受害小麦麦粒有机物被吸食，麦粒变瘦，甚至成空壳，可造成 10%～30% 的减产，严重的达 70% 以上，甚至绝收。

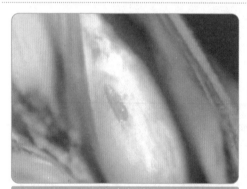
为害籽实

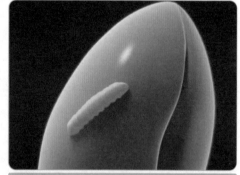
幼虫潜伏在颖壳内

造成秕粒、空壳

导致全田被毁

生活习性

麦黄吸浆虫年生一代，雌虫把卵产在初抽出的麦穗上内、外颖之间，幼虫孵化后为害花器，以后吸食灌浆的麦粒。老熟幼虫离开麦穗时间早，在土壤中耐湿、耐旱能力低于麦红吸浆虫。其他习性与麦红吸浆虫类似。

防治方法

农业防治

培育和种植抗麦黄吸浆虫品种。实行轮作倒茬制度，将麦类改种为油菜、棉花、水稻以及其他经济作物，使吸浆虫失去寄主。保护和利用麦黄吸浆虫的天敌，主要有宽腹姬小蜂、光腹黑蜂、蚂蚁、蜘蛛等。

药剂防治

小麦孕穗期至抽穗露脸期用3%甲基异柳磷颗粒剂或3%辛硫磷颗粒剂等30～45kg，拌细土300～375kg，于露水干后在田间均匀撒施。在小麦抽穗70%左右时进行喷药保护，虫口密度大的田块，在抽穗70%至扬花前喷药2次，可以喷施40%甲基异柳磷乳油、50%辛硫磷乳油等，稀释成1 500～2 000倍液，每公顷用药液750～900L。

第九节　麦黑斑潜叶蝇

麦黑斑潜叶蝇　属双翅目潜蝇科。过去是小麦的次要害虫，常在局部区域较轻发生，损失小。但近年来，北京、天津、河北、山东、河南、陕西、甘肃、宁夏等地麦区麦黑斑潜叶蝇呈加重发生态势，发生面积扩大，为害程度加重，已对这些地区的小麦生产构成较大威胁。

形态特征

成虫体长约2mm，黄褐色。头部黄色，间额褐色，单眼三角区黑色，复眼黑褐色，具蓝色荧光。触角黄色，触角芒不具毛。胸部黄色，背面具一"凸"字形黑斑块；前方与颈部相连，后方至中胸后盾片中部，黑斑中央具"V"字形浅注；小盾片黄色，后盾片黑褐色。翅透明，浅黑褐色。平衡棍浅黄色。各足腿节黄色。腹部5节，背板侧缘、后缘黄色,中部灰褐色,生黑色毛;产卵器圆筒形,黑色。幼虫体长 2.5 ~ 3.0mm,乳白色,蛆状;前气门 1 对,黑色,后气门 1 对,黑褐色,各具一短柄,分开向后突出。腹部端节下方具 1 对肉质突起,腹部各节间散布细密的微刺。蛹长约2mm,浅褐色,体扁,前后气门可见。

麦黑斑潜叶蝇

为害特征

麦黑斑潜叶蝇主要为害小麦、燕麦、大麦等。以幼虫潜食叶片为害。雌蝇用粗硬的产卵器刺破麦叶产卵,在叶片上半部留下一行行类似条锈病病斑的淡褐色针孔状斑点,以后逐渐发展成黄色小斑点。卵孵化后,幼虫在麦苗叶片内为害,潜食叶肉,仅剩透明的表皮。虫道较宽,潜痕呈袋状,内有黑色虫粪,被害叶片从叶尖到叶中部枯黄或呈水渍状,严重的造成小麦叶片前半段干枯,影响光合作用和正常生长。

受害麦苗叶片干枯

麦苗受害状

麦黑斑潜叶蝇幼虫

幼虫潜入叶片内为害状

生活习性

一年发生 1 ~ 2 代，以蛹在土中越冬，越冬代成虫产卵及为害盛期在 3 月中下旬，幼虫孵化盛期在 4 月中旬，化蛹盛期在 4 月下旬。返青越早，长势越好的田块，成虫产卵为害越重。返青后，小麦 1 ~ 4 片叶被害最重，每叶虫害孔数 15 ~ 30 个，孵出幼虫 0 ~ 2 头。幼虫 10 天左右成熟，入土化蛹越冬。

防治方法

农业防治

每亩用 80% 敌敌畏乳油 100ml 拌细土 20kg 撒施，或用 4.5% 氯氰菊酯乳油 30 ~ 50ml 兑水 25 ~ 30L 喷雾。

药剂防治

（1）防治幼虫。在幼虫初发期，每亩用 1.8% 阿维菌素乳油 10ml，或 48% 毒死蜱乳油 50ml，或 40% 氧化乐果 80ml，兑水 30 ~ 50L 喷雾。

（2）防治成虫。每亩用 2.5% 敌百虫粉剂 2 ~ 2.5kg 与细土 25kg 混匀撒施；或每亩用 80% 敌敌畏乳油 100ml 兑水 200 ~ 300ml，加细土 20kg 拌匀撒施；或使用 20% 甲氰菊酯乳油 1 500 ~ 2 000 倍液喷雾。

第十节 麦秆蝇

麦秆蝇 属昆虫纲双翅目秆蝇科，又称麦钻心虫、麦蛆。主要为害小麦、大麦、燕麦、白茅草等。分布于黑龙江、内蒙古、贵州、云南、新疆、西藏等地。

形态特征

雄成虫体长 3 ~ 3.5mm，雌虫 3.7 ~ 4.5mm，体浅黄绿色，复眼黑色，胸部背面具 3 条黑色或深褐色纵纹，中间一条纵纹前宽后窄，直连后缘棱状部的末端，两侧的纵纹仅为中间纵纹的一半或一多半，末端具分叉。触角黄色，小腮须黑色，基部黄色。足黄绿色。后足腿节膨大。卵长约 1mm，纺锤形，白色，表面具纵纹 10 条。末龄幼虫体长 6 ~ 6.5mm，黄绿色或淡黄绿色，呈蛆形。蛹属围蛹，雄体长 4.3 ~ 4.7mm，雌体长 5.0 ~ 5.3mm，蛹壳透明，可见复眼、胸、腹部等。

麦秆蝇

为害特征

麦秆蝇幼虫钻入小麦等寄主茎内蛀食为害,初孵幼虫从叶鞘或茎节间钻入麦茎,或在幼嫩心叶及穗节基部1/5 ~ 1/4处呈螺旋状向下蛀食,形成枯心、白穗、烂穗,不能结实。由于幼虫蛀茎时被害茎的生育期不同,可造成下列四种被害状:分蘖拔节期受害,形成枯心苗,如主茎被害,则促使无效分蘖增多而丛生,人们常称之为"下退"或"坐罢";孕穗期受害,因嫩穗组织破坏并有寄生菌寄生而腐烂,造成烂穗;孕穗末期受害,形成坏穗;抽穗初期受害,形成白穗。其中,除坏穗外,在其他被害情况下被害茎完全无收。

麦秆蝇为害状

茎部受害状

生活习性

内蒙古等春麦区年生2代,冬麦区年生3 ~ 4代,以幼虫在寄主根茎部或土缝中、杂草上越冬。春麦区翌年5月上中旬始见越冬代成虫,5月底、6月初进入发生盛期,6月中下旬为产卵高峰期,卵经4 ~ 7天孵化,6月下旬是幼虫为害盛期,为害20天左右。7月上中旬化蛹,蛹期5 ~ 10天。第1代幼虫于7月中下旬麦收前大部分羽化并离开麦田,把卵产在多年生禾本科杂草上。麦秆蝇在内蒙古仅一代幼虫为害小麦,成虫羽化后把卵产在叶面基部。冬麦区第 1 代、2 代幼虫于 4—5 月为害小麦，第 3 代转移到自生麦苗上，第 4 代转移到秋苗上为害。河南麦区一年也有两个为害高峰期。幼虫老熟后在为害处或野生寄主上越冬。成虫有趋光性、趋化性，成虫羽化后当天交尾，白天活跃在麦株间，卵多产在 4 或 5 叶的麦茎上，卵散产，每个雌虫可产卵 20 多粒，多的可达 70 ~ 80 粒。该虫产卵和幼虫孵化需较高湿度，小麦茎秆柔软、叶片较宽或毛少的品种，产卵率高，为害重。

防治方法

农业防治

选用抗虫品种，选穗紧密、芒长而带刺的小麦品种种植可以减轻麦秆蝇为害。适时播种，尽可能早播种，加强水肥管理，促使小麦生长发育，早拔节。做好冬耕冬灌工作，提高越冬死亡率。

药剂防治

药剂防治关键时期在小麦拔节末期及幼虫大量孵化入茎时期。选用粉剂：2.5% 敌百虫粉剂，或 5% 西维因粉剂，或 1.5% 乐果粉剂，每亩用 1.5 ~ 2kg；选用乳油：50% 对硫磷（1605）乳油 5 000 倍液，或 50% 敌敌畏乳油与 40% 乐果乳油 1:1 混合后，兑水 1 000 倍喷雾，每亩用 50 ~ 75L。

第十一节　麦种蝇

麦种蝇　属昆虫纲双翅目花蝇科。主要为害作物有小麦、大麦、燕麦等。

形态特征

雄成虫体长 5 ~ 6mm，暗灰色。头银灰色，额窄，额条黑色。复眼暗褐色，在单眼三角区的前方，间距窄，几乎相接。触角黑色。胸部灰色，腹部上下扁平，翅浅黄色。足黑色。雌虫体长 5 ~ 6.5mm，灰黄色。卵长椭圆形，长 1 ~ 1.2mm，腹面略凹，背面凸起，一端尖削，另一端较平，初乳白色，后变浅黄白色，具细小纵纹。幼虫体长 6 ~ 6.5mm，蛆状，乳白色，老熟时略带黄色，头极小，口钩黑色，尾部如截断状。初为淡黄色，后变黄褐色，两端稍带黑色，羽化前黑褐色，稍扁平，后端圆形，有突起。

麦种蝇

为害特征

幼虫侵入茎基部蛀食,造成心叶青枯,后黄枯死亡,致田间出现缺苗断垄,重者需翻耕改种,造成减产。

麦种蝇为害小麦

麦种蝇蛹为害麦苗

生活习性

一年生多代,以卵或幼虫在麦根附近、麦茎内越冬。其越冬期长达 180 ~ 200 天,翌年 3 月越冬卵孵化为幼虫。初孵幼虫栖息在植株茎秆、叶及地面上,先在小麦茎基部钻一小孔,钻入茎内,头部向上,蛀食心叶组织成锯末状。幼虫耐饥力强,每头幼虫只为害一株小麦,无转株为害习性。幼虫活动为害盛期在 3 月下旬至 4 月上旬。幼虫期 30 ~ 40 天。4 月中旬幼虫爬出茎外,钻入 6 ~ 9cm 土中化蛹。4 月下旬至 5 月上旬为化蛹盛期,蛹期 21 ~ 30 天。6 月初蛹开始羽化,6 月中旬为成虫羽化盛期,下旬全都羽化,这时小麦已近成熟,成虫即迁入秋作物杂草上活动。7—8 月为成虫活动盛期。生长稠密、枝叶繁茂、荫蔽及湿度大的环境中,该蝇迁入多。成虫早晨、傍晚、阴天活动,中午温度高时,多栖息于荫蔽处,不太活动。秋季气温低时,则中午活动,早晚不甚活动。成虫交配后,雄虫不久死亡。雌虫 9 月中旬开始产卵,卵分次散产于土壤缝隙及疏松表土下 2 ~ 3cm 处。每雌产卵 9 ~ 48 粒,产卵后即死亡,10 月雌虫全部死亡。

防治方法

农业防治

提倡与其他作物轮作 2～3 年，可有效控制麦种蝇为害。

药剂防治

冬小麦用 40% 甲基异柳磷乳剂按种子量的 0.2% 拌种，春小麦用 40% 甲基异柳磷乳剂按种子量的 0.1% 拌种，均能收到一定的防治效果。小麦播种前最后一次耕地时，每亩用 40% 甲基异柳磷乳油或 50% 辛硫磷乳油 250ml 加水 50L，拌细土 20kg 撒施，边撒边耕，可防成虫在麦地产卵。春季幼虫开始为害时，每亩用 80% 敌敌畏乳油 50ml 加水 50L 喷地面，然后翻入地内。4 月中下旬，幼虫爬出茎外将钻入土内化蛹时，每亩可用 90% 晶体敌百虫 5g、50% 辛硫磷乳油 200～500ml 加水 50L 喷雾，或喷施 50% 敌敌畏乳油 1 000 倍液，以防止幼虫钻入土内化蛹。

第十二节　小麦黏虫

小麦黏虫　又名行军虫、剃枝虫、五彩虫，属鳞翅目夜蛾科。全国大部分省区都有发生。主要为害麦、稻、玉米等禾谷作物及禾本科牧草，严重时吃光叶片，咬断穗茎，造成严重减产。

形态特征

成虫体长 17～20mm，翅展 36～45mm，淡黄色或灰褐色，前翅中央有淡黄圆斑及小白点 1 个，前翅顶角有一黑色斜纹。幼虫 6 龄，体长约 38mm，体色变化很大，从淡黄绿到黑褐色，有 5 条明显背线。头淡褐色，沿蜕裂线有一近"八"字形斑纹。

小麦黏虫

小麦黏虫低龄幼虫

小麦黏虫成虫

为害特征

　　幼虫食叶，叶片形成缺刻或仅剩叶脉，大发生时可将叶片食光，咬断穗部，造成严重减产。1～2龄幼虫仅食叶肉形成小孔；3龄后为害叶片形成缺刻，为害小麦幼苗可吃光叶片；5～6龄为暴食期，食量占幼虫期的90%以上，可将叶片吃光，仅剩叶脉，植株成为光秆。同时，黏虫幼虫还可为害玉米、谷子穗部，造成严重减产，甚至绝收。当一块田被吃光后，幼虫常成群迁到另一块田为害，故又名"行军虫"。

侵食小麦叶片

为害麦穗

为害小麦植株致光秆

为害小麦幼苗

生活习性

黏虫属迁飞性害虫,其越冬分界线在北纬33°一带,我国从北到南一年发生2~8代。河南省一年发生4代,全年以第2代、第3代为害严重。越冬代成虫始见于2月中下旬,成虫盛期出现在3月中旬至4月中旬。第1代幼虫发生于4月下旬至5月上旬,主要在黄河以南麦田为害;第2代幼虫发生于6月下旬,主要为害玉米;第3代幼虫发生于7月底至8月上中旬,主要为害玉米、谷子;第4代幼虫发生于9月中下旬,主要取食杂草,有些年份10月中下旬为害小麦。成虫产卵于叶尖或嫩叶、心叶皱缝间,常使叶片纵卷。幼虫共6龄,初孵幼虫行走如尺蠖,有群集性,1~2龄幼虫多在植株基部叶背或分蘖叶背光处为害,3龄后食量大增,5~6龄进入暴食阶段,其食量占整个幼虫期的90%左右。3龄后的幼虫有假死性,受惊动迅速蜷缩坠地,晴天白昼潜伏在根处土缝中,傍晚后或阴天爬到植株上为害。老熟幼虫入土化蛹。该虫适宜温度为10~25℃,适宜相对湿度为85%。气温低于15℃或高于25℃,产卵明显减少,气温高于35℃即不能产卵。成虫产卵前需取食花蜜补充营养。其天敌主要有步行甲、蛙类、鸟类、寄生蜂、寄生蝇等。

防治方法

物理防治

谷草把或稻草把诱杀 利用成虫多在禾谷类作物叶上产卵的习性,进行诱杀。在麦田插谷草把或稻草把,每亩插60~100个,每5天更换新草把,把换下的草把集中烧毁。

糖醋液诱杀 利用成虫对糖醋液的趋性,诱杀成虫。用1.5份红糖、2份食用醋、0.5份白酒、1份水加少许敌百虫或其他农药搅匀后,盛于盆内,置于田间距地面1m左右处,500m左右设1个点,每5天更换一次药液。

灯光诱杀 利用成虫的趋光性,安装频振式杀虫灯诱杀成虫。

化学防治

防治适期掌握在幼虫3龄前。每亩可用灭幼脲1号有效成分1~2g或灭幼脲3号有效成分3~5g兑水30L均匀喷雾,也可用90%晶体敌百虫或50%辛硫磷乳油1 000~1 500倍液,或2.5%溴氰菊酯乳油2 500~3 000倍液喷雾。

第十三节　麦田蛴螬

麦田蛴螬　在部分地区为害较重,常年缺苗率在10% ～ 20%,严重地块甚至翻耕重种。麦田蛴螬共有20多种,其优势种为大黑鳃金龟、暗黑鳃金龟和铜绿丽金龟。

形态特征

1.大黑鳃金龟

成虫体长 16 ～ 22mm, 宽 8 ～ 11mm。黑色或黑褐色,具光泽。触角 10 节,鳃片部3 节呈黄褐色或赤褐色,约为其后 6 节之长度。鞘翅长椭圆形,其长度为前胸背板宽度的 2 倍,每侧有 4 条明显的纵肋。3 龄幼虫体长 35 ～ 45mm,头宽 4.9 ～ 5.3mm。头部前顶刚毛每侧 3 根,其中冠缝侧 2 根,额缝上方近中部 1 根。

大黑鳃金龟成虫

大黑鳃金龟成虫腹面

大黑鳃金龟幼虫

2.暗黑鳃金龟

成虫体长 17 ～ 22mm, 宽 9 ～ 11.5mm。长卵形,暗黑色或红褐色,无光泽。前胸背板前缘具有成列的褐色长毛。鞘翅伸长,两侧缘几乎平行,每侧 4 条纵肋不显。3 龄幼虫体长 35 ～ 45mm,头宽 5.6 ～ 6.1mm。头部前顶刚毛每侧 1 根,位于冠缝侧。

暗黑鳃金龟成虫

暗黑鳃金龟成虫腹面

暗黑鳃金龟蛹

3. 铜绿丽金龟

成虫体长 19～21mm，宽 10～11.3mm。背面铜绿色，其中头、前胸背板、小盾片色较浓，鞘翅色较淡，有金属光泽。3 龄幼虫体长 30～33mm，头宽 4.9～5.3mm。头部前顶刚毛每侧 6～8 根，排成一纵列。

铜绿丽金龟成虫

铜绿丽金龟成虫腹面

铜绿丽金龟幼虫

为害特征

幼虫为害小麦时主要是咬断麦苗根茎，以致小麦植株提前枯死，轻者造成缺苗断垄，重者造成麦苗大量死亡，麦田中出现空白地，损失严重。蛴螬咬断处切口整齐，以此区别于其他地下害虫。

为害小麦造成单株死亡

为害小麦造成缺苗断垄

为害小麦植株

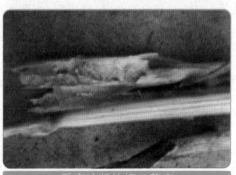

受害咬断处切口整齐

生活习性

大黑鳃金龟 我国仅华南地区一年发生一代，以成虫在土壤中越冬；其他地区均是两年发生一代，成虫、幼虫均可越冬，但在两年一代区，存在不完全世代现象。在北方，越冬成虫于春季10cm处土温上升到14～15℃时开始出土，10cm处土温达17℃以上时成虫盛发。5月中下旬日均气温21.7℃时田间始见卵，6月上旬至7月上旬日均气温24.3～27.0℃时为产卵盛期，末期在9月下旬。卵期10～15天，6月上中旬开始孵化，盛期在6月下旬至8月中旬。孵化幼虫除极少一部分当年化蛹羽化，大部分当秋季10cm处土温低于10℃时，即向深土层移动，低于5℃时全部进入越冬状态。越冬幼虫翌年春季当10cm处土温上升到5℃时开始活动。大黑鳃金龟种群的越冬虫态既有幼虫，又有成虫。以幼虫越冬为主的年份，翌年春季麦田和春播作物受害重，而夏秋作物受害轻。以成虫越冬为主的年份，翌年春季作物受害轻，夏秋作物受害重。常出现隔年严重为害的现象，群众谓之"大小年"。

暗黑鳃金龟 在苏、皖、豫、鲁、冀、陕等地均是一年发生一代，多数以3龄幼虫筑土室越冬，少数以成虫越冬。以成虫越冬的，成为翌年5月出土的虫源。以幼虫越冬的，一般春季不为害，于4月初至5月初开始化蛹，5月中旬为化蛹盛期。蛹期15～20天，6月上旬开始羽化，盛期在6月中旬，7月中旬至8月上旬为成虫活动高峰期。7月初田间始见卵，盛期在7月中旬，卵期8～10天，7月中旬开始孵化，7月下旬为孵化盛期。初孵幼虫即可为害，8月中下旬为幼虫为害盛期。

铜绿丽金龟 一年发生一代，以幼虫越冬。越冬幼虫在春季10cm处土温高于6℃时开始活动，3—5月有短时间为害。在皖、苏等地，越冬幼虫于5月中旬至6月下旬化蛹，5月底为化蛹盛期。成虫出现始期为5月下旬，6月中旬进入活动盛期。产卵盛期在6月下旬至7月上旬。7月中旬为卵孵化盛期，孵化幼虫为害至10月中旬。当10cm处土温低于10℃时，开始下潜越冬。越冬深度大多在20～50cm。室内饲养观察表明，铜绿丽金龟的卵期、幼虫期、蛹期和成虫期分别为7～13天、313～333天、7～11天和25～30天。在东北地区，春季幼虫为害期略迟，盛期在5月下旬至6月初。

防治方法

农业防治

大面积秋、春耕，并随犁拾虫，腐熟厩肥，以降低虫口数量；在蛴螬发生严重的地块，合理灌溉，促使蛴螬向土层深处转移，避开幼苗最易受害时期。

使用频振式杀虫灯防治成虫效果极佳。如佳多频振式杀虫灯单灯控制面积 30 ~ 50 亩,连片规模设置效果更好。灯悬挂高度,前期 1.5 ~ 2m,中后期应略高于作物顶部。一般 6 月中旬开始开灯,8 月底撤灯,开灯时间为每日 21 时至次日凌晨 4 时。

化 学 防 治

土壤处理　每亩可用 50% 辛硫磷乳油 200 ~ 250g,加水 10 倍,喷于 25 ~ 30kg 细土中拌匀,制成毒土,顺垄条施,随即浅锄,能收到良好效果。

种子处理　用 50% 辛硫磷乳油按照药、水、种子 1:50:500 的比例拌种,也可用 25% 辛硫磷胶囊剂,或用种子量 2% 的 35% 克百威种衣剂拌种,能兼治金针虫和蝼蛄等地下害虫。

沟施毒谷　每亩用辛硫磷胶囊剂 150 ~ 200g 拌谷子等饵料 5kg 左右,或用 50% 辛硫磷乳油 50 ~ 100g 拌饵料 3 ~ 4kg,撒于种沟中。

第十四节　小麦皮蓟马

小麦皮蓟马　又名小麦管蓟马、麦简管蓟马,是小麦的重要害虫。主要分布在新疆、甘肃、内蒙古、黑龙江、天津、河南等地区。

形态特征

成虫黑褐色,体长 1.5 ~ 2mm,翅 2 对,边缘均有长缨毛,腹部末端延长成管状,叫作尾管。卵乳黄色,长椭圆形,初产白色。若虫无翅,初孵淡黄色,后变橙红色,触角及尾管黑色。前蛹及伪蛹体长均比若虫短,淡红色,四周生有白毛。

小麦皮蓟马

为害特征

为害花器症状：小麦孕穗期，成虫即从开缝处钻入花器内为害，影响小麦扬花，严重时造成小麦白穗。为害麦粒症状：麦粒灌浆乳熟期，成虫和若虫先后或同时躲藏在护颖与外颖内吸取麦粒的浆液，致使麦粒灌浆不饱满，严重时导致麦粒空瘪，造成小麦千粒重明显下降。同时，由于蓟马刮食破坏细胞组织，受害麦粒上出现褐黄色斑块，降低面粉质量，减少出粉率。为害护颖、外颖、旗叶及穗柄症状：成虫和若虫常在上述部位锉食叶腋，使护颖和外颖皱缩、枯萎、发黄、发白，麦芒卷缩、弯曲，旗叶边缘发白，或呈黑褐斑，被害部位极易受病菌侵害，造成霉烂、腐败。

小麦皮蓟马为害造成籽粒不饱满

生活习性

小麦皮蓟马一年发生一代，以若虫在麦茬、麦根及晒场地下 10cm 左右处越冬。日平均温度 8℃左右时开始活动，约 5 月中旬进入化蛹盛期，5 月中下旬开始羽化成虫，6月上旬为羽化盛期。羽化后大批成虫飞至麦株，在上部叶片内侧、叶耳、叶舌处吸食液汁，逐渐从旗叶叶鞘顶部或叶鞘裂缝处侵入尚未抽出的麦穗，破坏花器，一旗叶内有时可群集数十至数百头成虫。当穗头抽出后，成虫又飞至未抽出及半抽出的麦穗内，成虫为害及产卵时间仅 2～3 天。成虫羽化后 7～15 天开始产卵，多为不规则的卵块，被胶质粘固，卵块的部位较固定，多产在麦穗上的小穗基部和护颖的尖端内侧。每小穗一般有卵 4～55 粒，卵期 6～8 天。幼虫在 6 月上中旬小麦灌浆期为害最盛，7 月上中旬陆续离开麦穗停止为害。

防治方法

农业防治

秋后及时进行深耕,减少越冬虫源。清除晒场周围杂草,破坏若虫越冬场所。

化学防治

小麦孕穗期,大批蓟马飞至麦穗产卵为害,此时是防治成虫的有利时期。小麦扬花期,是防治初孵若虫的有利时期。可用40%乐果乳油500倍液,或80%敌敌畏乳油1 000倍液,或50%马拉硫磷2 000倍液喷雾,每亩用药液75L。

第十五节 麦 蛾

麦蛾 属鳞翅目麦蛾科。分布于全国各地。寄主有小麦、玉米、稻谷、高粱、荞麦及禾本科杂草种子、食用菌等。

形态特征

成虫体长4~5mm,翅展14~18mm,体灰黄色。复眼黑色,触角丝状,灰褐色。头顶和颜面密布灰褐色鳞毛。下唇须灰褐色,第二节较粗,第三节末端尖细,略向上弯曲,不超过头顶。前翅灰白色,似竹叶形,通常有不明显的黑褐色斑纹,后缘毛长,褐色;后翅灰白色,呈梯形,外缘凹入,顶角尖而突出,后缘毛很长,与翅面宽相等。卵扁椭圆形,长0.5~0.6mm,一端小平截,表面具纵横纹,乳白色至浅红色。幼虫体长5~8mm,初孵浅红色,2龄后变浅黄白色,老熟时乳白色,头小;胸部较膨大,后逐渐细小,各节略有皱纹,胸足极小;腹足退化,每足顶端着生1~3个微小的褐色趾钩。蛹长4~6mm,黄褐色,较细。

麦蛾

为害特征

幼虫多在小麦、稻谷、高粱、玉米及禾本科杂草种子内为害,严重影响种子发芽力,是一种严重的初期性贮粮害虫。

麦蛾为害小麦籽粒

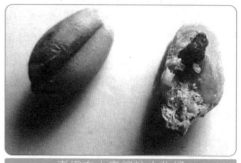
麦蛾在小麦籽粒内化蛹

生活习性

在我国南方年生 4~6 代,北方年生 2~3 代,气温高的地区最多 12 代。以老熟幼虫在籽粒中越冬,化蛹前结白色薄茧,蛹期 5 天,成虫羽化时把薄膜顶破钻出籽粒。成虫喜在清晨羽化,羽化后马上交尾。成虫寿命 13 天左右,交尾后 24 小时产卵,卵多产在粮堆表层,也有的成虫飞到田间把卵产在玉米粒上、麦穗上、稻穗上;卵多集产。幼虫可转粒为害,21~35℃发育迅速。

防治方法

农业防治

禾谷类作物贮藏库加强防治,防止麦蛾迁入麦田,要求晒干入库。入库前摊晒厚度为 3~5cm,使晒粮温度达到 45℃,保持 6 小时,可杀死粮食中麦蛾的卵、幼虫和蛹。入库后,按每片磷化铝熏蒸粮食 150~200kg 的比例,把磷化铝片剂散埋在粮垛里,再把粮垛封严。

化学防治

以杀卵和初孵化幼虫为主,把其消灭在钻蛀之前。具体方法:在当地麦蛾产卵盛期至卵孵高峰期,当每穗有卵 2 粒以上时,每亩用 50% 辛硫磷乳油或 40% 氧化乐果乳油 75ml,兑水 50L 喷雾或用弥雾机兑水 20L 喷雾。

第十六节　东亚飞蝗

东亚飞蝗 是飞蝗科飞蝗属昆虫飞蝗下的一个亚种。主要分布在我国东部,黄淮海平原是主要发生和危害区域。

东亚飞蝗

形态特征

成虫　体型较大,雄成虫体长 33～48mm,雌成虫体长 39～52mm。有群居型、散居型和中间型三种类型。群居型体色为黑褐色;散居型体色为绿色或黄褐色,羽化后经多次交配并产卵后的成虫体色可呈鲜黄色;中间型体色为灰色。

卵　卵块黄褐色或淡褐色,呈长筒形,长 45～67mm,卵粒排列整齐,每个卵块有卵 40～80 粒,个别的多达 200 粒。

若虫　刚由卵孵化出的幼虫无翅,能跳跃,叫作蝗蝻或跳蝻,其形态和生活习性与成虫相似,只是身体较小,生殖器官没有发育成熟,因而又叫作若虫。若虫一生蜕皮 5 次。由卵孵化到第一次蜕皮,是 1 龄,以后每蜕皮一次增加 1 龄。3 龄以后翅芽显著,5 龄以后变成能飞翔的成虫。依据蝗蝻翅芽的发育进度,可鉴别其龄期。

为害特征

可为害小麦、玉米、高粱、谷子、芦苇等多种禾本科作物及杂草等,以成虫或若虫咬食植物叶、茎,密度大时可将植物吃成光秆。东亚飞蝗具有群居性、迁飞性、暴食性等特点,能远距离迁飞,造成毁灭性为害。

栖息于麦田的东亚飞蝗

为害小麦叶片

生活习性

东亚飞蝗喜欢栖息在地势低洼、易涝易旱或水位不稳定的海滩、湖滩、河滩、荒地及耕作粗放的农田中,这些地方有大量芦苇、盐蒿、稗草、荻草、莎草等蝗虫嗜食植物。我国的主要蝗区在黄淮海平原,有滨湖蝗区、沿海蝗区、内涝蝗区和河泛蝗区等多种类型。在干旱年份,宜蝗荒滩、荒地面积增大,有利于蝗虫繁衍,容易酿成蝗灾。成虫和若虫取食叶片、嫩茎,将叶片咬成孔洞、缺刻,可把大面积农作物吃成光秆。

防治方法

农业防治

兴修水利,稳定湖河水位,大面积垦荒种植,精耕细作,减少蝗虫滋生地;植树造林,改善蝗区小气候,消灭飞蝗产卵繁殖场所;因地制宜种植紫穗槐、冬枣、牧草、马铃薯、麻类等飞蝗不食的作物,断绝其食物来源。

在蝗蝻2～3龄期,每亩可用20%杀蝗绿僵菌油剂25～30ml,加入500ml专用稀释液后,用机动弥雾机喷施。若用飞机超低量喷雾,每亩用量一般为40～60ml。

化学防治

在蝗虫大发生年或局部蝗情严重,生态和生物措施不能控制蝗灾蔓延时,应立即采用包括飞机在内的先进施药设备,在蝗蝻3龄前及时进行应急防治。有机磷农药、菊酯类农药对东亚飞蝗均有很好的防治效果。

第十七节　斑须蝽

斑须蝽　别名细毛蝽、臭大斑须蝽姐，属半翅目蝽科。在我国各地均有分布。主要为害小麦、大麦、水稻及其他农作物。

形态特征

成虫　体长 8.0～13.5mm，宽 5.5～6.5mm，椭圆形，黄褐色或紫褐色。头部中叶稍短于侧叶，复眼红褐色，触角 5 节，黑色，每节基部和端部淡黄色，形成黑黄相间状。前胸背板前侧缘稍向上卷，浅黄色，后部常带暗红色。小盾片三角形，末端钝而光滑，黄白色。前翅革片淡红褐色或暗红色，膜片黄褐色，透明，超过腹部末端。足黄褐色，腿节、胫节密布黑色刻点。腹部腹面黄褐色，具黑色刻点。

卵　长约 1mm，宽约 0.75mm，圆筒形，初产浅黄色，后变赭灰黄色，卵壳有网纹，密被白色短绒毛。

若虫　略呈椭圆形，腹部每节背面中央和两侧均有黑斑。高龄若虫头、胸部浅黑色，腹部灰褐色至黄褐色，小盾片显露，翅芽伸至第 1—4 可见节的中部。

斑须蝽

为害特征

以成虫和若虫刺吸作物嫩叶、嫩茎及穗部汁液。麦叶受害后先出现白斑，继而变黄。受害轻时，麦株矮小，麦穗少而小；受害严重时，不能抽穗，麦株干枯而死。

初孵若虫为害麦穗

成虫刺吸嫩叶

生活习性

每年发生代数因地区而异,黄河以北地区1~2代,长江以南地区3~4代。以成虫在田间杂草、枯枝落叶、植物根际、树皮及房屋缝隙中越冬;4月初开始活动,4月中旬交尾产卵,4月底至5月初幼虫孵化,第1代成虫6月初羽化,6月中旬为产卵盛期;第2代于6月中下旬至7月上旬幼虫孵化,8月中旬开始羽化为成虫,10月上中旬陆续越冬。成虫必须吸食寄主植物的花器营养物质才能正常产卵繁殖,小麦抽穗后常集中于穗部,卵多产在小穗附近或上部叶片表面上,多行整齐纵列成块,每块12~24粒。初孵若虫群聚为害,2龄后扩散为害。

防治方法

农业防治

冬季清除田间残株落叶和杂草,破坏成虫越冬场所,减少越冬虫源。成虫集中越冬或出蛰后集中为害时,利用成虫的假死性,震动植株使虫落地,迅速收集杀死。

物理防治

利用成虫趋光性,诱杀成虫。在成虫发生期,特别是发生盛期,用黑光灯诱杀,灯下放水盆,及时捞虫。

化学防治

发生严重时,用20%灭多威乳油1 500倍液,3%啶虫脒乳油1 500~2 000倍液,或40%乐果乳油1 000倍液喷雾,防治效果可达90%以上。

第六章
灾害识别及防治

第一节　小麦草害

一　播娘蒿

播娘蒿　十字花科,一年生草本植物,俗名米米蒿。分布于全国各地。生于山地草甸、沟谷、村旁、田边,影响小麦等作物的生产。

形态特征　高可达 80cm,叉状毛,茎生叶为多,茎直立,分枝多。叶片为 3 回羽状深裂,末端裂片条形或长圆形,裂片下部叶具柄,上部叶无柄。花序伞房状,萼片直立,早落,长圆条形,花瓣黄色,长圆状倒卵形。长角果圆筒状,无毛,果瓣中脉明显。

播娘蒿

发生规律　适生于较湿润的环境,较耐盐碱,有较强的繁殖能力和再生能力,单株结籽 5.25 万 ~ 9.63 万粒。种子发芽最低温度 3℃,适宜土层深度 1 ~ 3cm,超过 5cm 不能出苗。在华北麦区多于 10 月出苗,11 月底以健苗开始越冬,翌年 3 月中下旬越冬幼苗复苏生长,4 月中下旬分枝抽薹,5 月上中旬现蕾开花,5 月下旬结籽灌浆,6 月下旬成熟落粒。成熟期比小麦早半个月。

二　荠菜

荠菜　十字花科荠属植物,一年生或二年生草本。遍布全国,重度为害小麦。

形态特征　高可达 50cm,茎直立。基生叶丛生,呈莲座状,叶柄长 5 ~ 40mm;茎生叶窄披针形或披针形。总状花序顶生及腋生,花小而有柄。萼片 4,长椭圆形。花瓣白色,倒卵形,直径约 2mm,4 枚,十字形排列。雄蕊 6 个,雌蕊 1 个。短角果倒三角形,长 5 ~ 8mm,宽 4 ~ 7mm,扁平,先端微凹。种子 2 行,长椭圆形,长 1mm,淡褐色。

荠菜

　　发生规律　　生在山坡、田边及路旁。为小麦和蔬菜地主要杂草。通过种子繁殖，种子量很大，经短期休眠后萌发。早春、晚秋均可见到实生苗。大部分在冬前出苗，在麦播后 10 天左右进入出苗盛期，越冬苗在土壤解冻后不久返青，随后即开花。花果期在华北地区为 4—6 月，长江流域为 3—5 月。越冬种子春季发芽出苗，与越冬植株同时或稍晚于越冬植株开花结实。

三　遏蓝菜

　　遏蓝菜　　十字花科，一年生或两年生草本植物。分布于全国各地，危害较重，为麦田主要杂草之一。

　　形态特征　　全株无毛，高 15 ~ 40cm。茎直立，不分枝或稍分枝，无毛。茎生叶倒披针形，先端圆钝，基部箭形，抱茎，边缘具疏齿或近全缘，两面无毛。总状花序顶生或腋生；花小，白色；花梗纤细；萼片近椭圆形，具膜质边缘；花瓣矩圆形，下部渐狭成爪。短角果近圆形，扁平，周围有宽翅，顶端深凹缺，开裂。种子宽卵形，稍扁平，棕褐色，表面有果粒状环纹。

遏蓝菜

　　发生规律　　一般 10—11 月发生，翌年早春 2—3 月少量出苗，4—5 月开花结果，种子陆续从成熟果实中散落于土壤。花果期 5—7 月。我国西北、东北地区 4 月底、5

月初出苗,8—9月开花结果。

四　离子草

离子草　十字花科,一年生或越年生杂草。主要为害麦类、油菜和甜菜等作物,多分布于辽宁、河北、河南、山西、陕西、甘肃、新疆等省区。

形态特征　株高 15～40cm,全株疏生头状短腺毛。茎斜上或铺散,从基部分枝。基生叶有短柄,叶片长圆形,长 3～4cm,宽 4～6mm;茎下部叶有深波状牙齿;茎上部叶有牙齿或近全缘,疏生头状短腺毛。总状花序稀疏而短,果期伸长;花紫色;萼片淡蓝紫色,具白色边缘,长圆形,内侧萼片基部稍呈囊状,长 4～5mm;花瓣狭倒卵状长圆形或长圆状匙形,长 9～11mm,基部有长爪,瓣片狭倒卵形,长约 4mm。雄蕊分离,在短雄蕊的内侧基部两侧各有一长圆形蜜腺;子房无柄。长角果细圆柱形,长 1.5～3cm,直或稍弯,有横节,不开裂,但逐节脱落,先端有长喙,喙长 10～20mm。种子扁平,有边,随节段脱落,每节段有 2 粒种子。种子长圆形,红褐色。

离子草

发生规律　生于较湿润肥沃的农田中,幼苗或种子越冬。在黄河中游冬麦区 9—10月出苗,11月底壮苗越冬,翌年3月中下旬开始生长。部分种子早春萌发出苗,但数量较少。花果期4—8月。种子于5月渐次成熟,经夏季休眠后萌发。

五　大刺儿菜

大刺儿菜　菊科,多年生草本植物,又称大蓟。分布于我国东北、华北、西北、西南等地,发生率30%左右,危害率20%左右,严重危害5%～10%。

形态特征　茎高 40～100cm,直立,上部分枝,具纵棱,近无毛或疏被蛛丝状毛。叶互生,具短柄或无柄,中部叶长圆形、椭圆形至椭圆状披针形,边缘有缺刻状羽状浅裂,有细刺,正面绿色,背面被蛛丝状毛。雌雄异株,头状花序多数集生上部,排列成疏松的伞房状。总苞钟形,总苞片多层,外层短,柱形,内层长,线状披针形。雌株管状花冠紫红色。瘦果长圆形,长达 30mm,具四棱,黄白色或浅褐色,冠毛羽状,白色或基部褐色。

大刺儿菜

发生规律 多发生在耕作粗糙的农田中,难以防治。在水平生长的根上产生不定芽,进行无性繁殖,也以种子繁殖。春季 4 月出苗,花果期 6—9 月。冬季地上部分枯死。

六 苣荬菜

苣荬菜 菊科苦苣菜属多年生草本植物,又称甜苣菜、败酱草。分布于全国各地,为麦地难防杂草之一。

形态特征 根垂直直伸,茎直立,高可达 150cm,有细条纹。基生叶多数,叶片偏斜半椭圆形、椭圆形、卵形、偏斜卵形、偏斜三角形、半圆形或耳状;顶裂片稍大,长卵形、椭圆形或长卵状椭圆形。头状花序在茎枝顶端排成伞房状花序。总苞钟状,苞片外层披针形,舌状小花多数,黄色。瘦果长椭圆形,长 2~3mm,宽 0.7~1.3mm,淡褐色至黄褐色,有纵条纹,冠毛白色,易脱落。

苣荬菜

发生规律 苣荬菜为区域性的恶性杂草,以根芽和种子繁殖。生长于山坡草地、林间草地、潮湿地或近水旁、村边或河边砾石滩。根芽多分布在 5~20cm 的土层中。

北方农田 4—5 月出苗,终年不断。花果期 6—10 月。种子于 7 月渐次成熟飞散,秋季或次年春季萌发,2～3 年抽茎开花。

七 野燕麦

野燕麦 禾本科燕麦属一年生草本植物。广布于我国南北各地。与农作物争水肥、争光照、争生长空间,并传播农作物病、虫、草害。常为小麦田间杂草,其消耗的水分较小麦多 1 倍余,同时种子大量混杂于小麦粒内,使小麦的质量降低。

形态特征 须根较坚韧。秆直立,光滑无毛,高 60～120cm,具 2～4 节。叶鞘松弛,光滑或基部者被微毛;叶舌透明膜质,长 1～5mm;叶片扁平,长 10～30cm,宽 4～12mm,微粗糙,或上面和边缘疏生柔毛。圆锥花序开展,金字塔形,长 10～25cm,分枝具棱角,粗糙;小穗长 18～25mm,含 2～3 朵小花,其柄弯曲下垂,顶端膨胀;小穗轴密生淡棕色或白色硬毛,其节脆硬易断落,第一节间长约 3mm;颖草质,几相等,通常具9 脉;外稃质地坚硬,第一外稃长 15～20mm,背面中部以下具淡棕色或白色硬毛;芒自稃体中部稍下处伸出,长 2～4cm,膝曲,芒柱棕色,扭转。颖果被淡棕色柔毛,腹面具纵沟,长 6～8mm。花果期 4—9 月。

野燕麦

发生规律 生于荒芜田野或为田间杂草。生命力强,发育快,生长茂盛,竞争性很强。西北春麦区 4—5 月出苗,花果期在 6—8 月。冬麦区 9—11 月出苗,4—5 月开花结果。种子成熟后落地,休眠 2～3 个月后发芽。温度 10～20℃,土壤含水量 50%～70% 适于种子萌发。在土深 3～7cm 处出苗最多,3～10cm 能顺利出苗,超过 11cm 出苗受抑制。落地的种子翌年萌发的不超过 50%,其余的继续休眠。野燕麦出苗比小麦晚 5～15 天,苗期发育比小麦慢,拔节期生长迅速,后期超过小麦,早抽穗,早落粒。从出穗到开始落粒,历时最短 13 天,最长 30 天,平均 25 天。

八 节节麦

节节麦 禾本科,一年生草本,又名粗山羊草。分布于陕西、河南、河北、山东、江苏等地。耐干旱,适应性强,为旱田、草地、麦田的常见杂草。

形态特征 幼苗暗绿色,基部淡紫红色,新叶抽出时卷为筒状,叶片呈条形;成株期茎秆较细弱秆高 20 ~ 40cm。叶鞘紧密包茎,平滑无毛而边缘具纤毛;叶舌薄膜质,长 0.5 ~ 1mm;叶片宽约 3mm,微粗糙,上面疏生柔毛。抽穗后比正常小麦高,穗状花序圆柱形,小穗圆柱形,穗轴每节只生一个小穗,穗轴顶端有 1 ~ 4cm 的长芒。

节节麦

发生规律 多生于荒芜草地或麦田中,种子繁殖。幼苗或种子越冬,10月上中旬出现出苗高峰,春季出苗很少。花果期 4—5 月。种子经休眠后萌发。

九 毒麦

毒麦 禾本科,越年生或一年生草本植物。全国检疫对象。

形态特征 高可达 120cm。叶片疏松;扁平,质地较薄,无毛,顶端渐尖,边缘微粗糙。穗形总状花序;穗轴增厚,质硬,小穗有小花,小穗轴节间平滑无毛;颖较宽大,质地硬,具狭膜质边缘;外稃椭圆形至卵形,成熟时肿胀,质地较薄,芒近外稃顶端伸出,粗糙。花果期 6—7 月。

毒麦

发生规律 种子繁殖,利用幼苗或种子越冬。在我国中北部地区,10月中下旬出苗,较小麦稍晚,但出土后生长迅速,抽穗、成熟比小麦早,一般于翌年5月底至6月初成熟。种子成熟后脱落入土,也容易混入收获物中,通过调种传播。

十　看麦娘

看麦娘 禾本科,一年生草本植物,又称山高粱。分布于我国大部分省区。生于海拔较低之田边及潮湿地。麦田均有分布。

形态特征 幼苗细弱,淡蓝绿色。秆少数丛生,细瘦,光滑,高可达40cm。叶鞘光滑,短于节间;叶舌膜质,叶片扁平。圆锥花序圆柱状,灰绿色,小穗椭圆形或卵状长圆形;颖膜质,基部互相连合,具脉,脊上有细纤毛,侧脉下部有短毛;外稃膜质,先端钝,花药橙黄色。花果期4—8月。

看麦娘

发生规律 种子繁殖,适生于肥沃的湿地,繁殖力极强,幼苗或种子越冬。麦田秋春均可见苗,以冬前出苗为主,春季有少量出土。穗花期4—5月,5月颖果渐次成熟。种子经休眠后萌发。

第二节　小麦冻害

小麦冻害是指麦田经历连续低温天气而导致的麦穗生长停滞。冻害较轻麦田,麦株主茎及大分蘖幼穗受冻后仍能正常抽穗和结实,但穗粒数明显减少。冻害较重麦田,麦株主茎、大分蘖幼穗及心叶冻死,其余部分仍能生长。冻害严重麦田,小麦叶片、叶尖呈水烫样硬脆,后青枯或呈蓝绿色,茎秆、幼穗皱缩死亡。冻害类型主要有冬季冻害、早春冻害(倒春害)和低温冷害。这几种冻害均会给小麦产量带来一定的影响。

小麦受冻叶片水烫样硬脆

小麦受冻后叶尖干枯

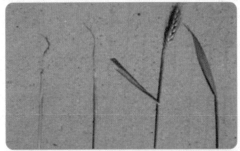

小麦受冻后形成哑巴穗

小麦受冻后不能抽穗

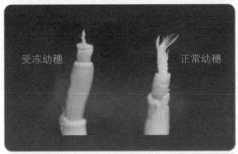

受冻后幼穗停止分化并死亡

受冻后形成"大头穗"

受冻后麦穗上部小穗死亡

受冻后麦穗下部小穗死亡

一　冬季冻害

受害状况

进入冬季后，由于寒潮降温可引起小麦冻害。根据小麦受冻后植株的症状表现，在生产上可将冬季冻害分为两大类：第一类是严重冻害，主要表现为主茎和大分蘖冻死，心叶干枯，一般发生在冬前已经拔节的麦田；第二类是一般冻害，表现为叶片黄、发白干枯，但主茎和大分蘖都没有冻死。一般来讲，第一类冻害对产量影响大；第二类冻害只要采取一些合理的措施，对产量影响不会很大。

预防补救

1. 预防

选用抗寒品种，适期播种。注意清沟排渍，增加根部吸收养分的能力，以保证叶片恢复生长和新分蘖的生成，以及成穗所需要的养分。加强中后期肥水管理，防止早衰。

2. 补救

如发现麦田中的茎和大分蘖已经冻死，应及时追施氮肥，促进小分蘖迅速生长。如果追肥及时，产量不会降低太多。提倡分两次追肥：第一次是春天到来，田间解冻后追施速效氮肥，每亩施尿素 10kg，施肥时要求开沟施入，以提高肥效；第二次是在小麦拔节期，结合浇拔节水施拔节肥，每亩施 10kg 左右的尿素。

一般受冻的麦田，如仅是叶片冻枯，未出现死蘖现象，应在早春及早划锄，从而提高地温，促进麦苗返青；在起身期追肥浇水，也可提高分蘖成穗率，减少冻害损失。

二　早春冻害

受害状况

早春若遇大雪、寒流、冰冻等低温天气，极易发生小麦冻害。小麦初穗冻害植株最上一叶叶脉尖端发白，无心叶，形成空蘖。一层层剥开叶鞘，从下往上数，第 2 节嫩芽折叠，柔软无光，似水烫一般。若第 2 节不再伸长，说明茎生长点已停止生长。幼穗穗轴绿白色，小穗乳白色，排列松弛，失水萎蔫，黄化后死亡。

预防补救

1. 预防

浇水防冻：在土壤水分不足的情况下，霜冻来临前两天浇水，可提高土壤热容量，保持小麦生长环境相对稳定,使霜冻和"倒春寒"到来时温度下降幅度缩小,解冻前缓慢升温。但在霜冻到来时,切勿浇水,以免加剧冻害。

熏烟造雾:在霜冻到来时,可将潮湿柴草在麦田周围点燃,制造烟雾,减少麦田热量向外辐射,能有效减轻冻害。

麦田覆盖:在寒流到来前,每亩用麦糠250kg,或腐熟有机肥2 500~3 000kg,均匀撒于小麦根际周围。

2. 补救

对遭受冻害的麦田,根据受害程度,抓紧时间追施速效化肥,促苗早发,提高3、4级高位分蘖的成穗率。冻害严重且底肥不足的,要加重追肥,每亩施尿素10kg,或硝酸铵15kg。硝酸铵施用后不要急于浇水,以防养分流失。

及时中耕,蓄水提温,能有效增加分蘖数,弥补主茎损失。

三 小麦低温冷害

受害状况

小麦生长进入孕穗阶段,因遭受0℃以下低温发生的损害称为低温冷害。由于小麦在拔节后至孕穗挑旗时期含水量较多,组织幼嫩,抵抗低温能力低。若突遇低于5℃气温就可能受害。受害部位是整穗或部分小穗,表现为延迟抽穗或抽出空颖白穗,或部分小穗空瘪,仅有部分结实,严重影响产量。一般茎叶部分不会受害,无异常表现。

预防补救

1. 预防

在低温来临之前灌水,保持充足的土壤含水量和湿润的田间小气候,对防止低温冷害具有重要意义。干旱会加重小麦冻害。

喷施植物生长调节剂。植物生长调节剂,具有保持植物细胞膜稳定,激活植物体生命活力,提高植株免疫力和抗逆各种灾害的能力,并能快速修复各种灾害对作物造成的损伤,对防御小麦低温冷害作用显著。

2. 补救

冻害发生后,补肥与浇水,叶面喷施植物生长调节剂。小麦受冻后,叶面及时喷施植物生长调节剂,对小麦恢复生长具有促进作用,表现为中、小分蘖的迅速生长和潜伏芽的快发,明显增加小麦成穗数和千粒重,可显著增加小麦产量。

参考文献

[1] 李向东,工绍中.小麦丰优高效栽培技术与机理[M].北京:中国农业出版社,2017.

[2] 吴文君,张帅.生物农药科学使用指南[M].北京:化学工业出版社,2017.

[3] 杨立国.小麦种植技术[M].石家庄:河北科学技术出版社,2016.

[4] 霍阿红,杨德智.小麦优质高产栽培一本通[M].北京:化学工业出版社,2015.

[5] 于立河.小麦标准化生产图解[M].北京:中国农业大学出版社,2015.

[6] 宋志伟,刘轶群,宋俊伟.小麦规模生产与经营[M].北京:中国农业出版社,2015.

[7] 车俊义,樊民周.陕西麦田杂草识别与防除[M].西安:陕西科学技术出版社,2014.

[8] 朱恩林,赵中华.小麦病虫防治分册[M].北京:中国农业出版社,2004.